# 气候治理政策

## 综合评估方法及其应用研究

韩融◎著

Research on Comprehensive Assessment Method of Climate Governance Policy and Its Application

清華大學出版社
北 京

## 内 容 简 介

围绕《联合国气候变化框架公约》，全球气候治理演化出一条从规则到行动的清晰轨迹。然而，气候治理之路崎岖而又充满波折，其中掺杂着政治偏见、交织着利益诉求，这对治理方案的公平性和有效性提出了严峻挑战。后巴黎时代，国际气候治理的模式和格局面临着深刻变化，高质量气候治理对差异化减排机制的设计和多样化评估方式的构建提出了新的要求。本书面向国家应对气候变化重大战略需求和气候政策综合评估的国际研究前沿，围绕气候治理综合评估方法及其应用展开系统研究。

国际气候协定是否有效推动了缔约方减排？缔约方如何设计公平合理的减排方案以实现区域协同治理？企业如何调整运营策略以适应气候政策环境？如何开展多尺度减排方案的设计和评估？等等。这些热点问题，读者可以从本书找到既有理论又有方法论基础的答案。



**图书在版编目（CIP）数据**

气候治理政策综合评估方法及其应用研究 / 韩融著 . —北京：清华大学出版社，2023.8
ISBN 978-7-302-64262-6

Ⅰ . ①气… Ⅱ . ①韩… Ⅲ . ①气候变化－治理－研究－中国 Ⅳ . ① P467

中国国家版本馆 CIP 数据核字 (2023) 第 138656 号

**责任编辑：**陆浥晨
**封面设计：**汉风唐韵
**版式设计：**方加青
**责任校对：**王凤芝
**责任印制：**沈　露

**出版发行：**清华大学出版社
**网　　址：**http://www.tup.com.cn，http://www.wqbook.com
**地　　址：**北京清华大学学研大厦 A 座　　**邮　　编：**100084
**社 总 机：**010-83470000　　**邮　　购：**010-62786544
**投稿与读者服务：**010-62776969，c-service@tup.tsinghua.edu.cn
**质 量 反 馈：**010-62772015，zhiliang@tup.tsinghua.edu.cn
**印 装 者：**三河市东方印刷有限公司
**经　　销：**全国新华书店
**开　　本：**170mm×240mm　　**印　　张：**14.25　　**字　　数：**189 千字
**版　　次：**2023 年 8 月第 1 版　　**印　　次：**2023 年 8 月第 1 次印刷
**定　　价：**99.00 元

---

产品编号：100947-01

# 缩写和缩略词

| 简　　称 | 英文名称 | 中文名称 |
| --- | --- | --- |
| IPCC | Intergovernmental Panel on Climate Change | 联合国气候变化专门委员会 |
| UNEP | United Nations Environment Programme | 联合国环境规划署 |
| WMO | World Meteorological Organization | 世界气象组织 |
| UNFCCC | United Nations Framework Convention on Climate Change | 联合国气候变化框架公约 |
| IEA | International Energy Agency | 国际能源署 |
| COP | Conference of the Parties | 缔约方大会 |
| CBDR-DC | Principle of Common but Differentiated Responsibilities | 共同但有区别的责任 |
| NDC | National Determined Contributions | 国家自主减排贡献 |
| IAM | Integrated Assessment Model | 综合评估模型 |
| ETS | Emissions Trading System | 国际排放贸易机制 |
| JI | Joint Implementation | 联合履约机制 |
| CDM | Clean Development Mechanism | 清洁发展机制 |
| SCM | Synthetic Control Method | 合成控制法 |
| GSC | Generalized Synthetic Control Method | 广义合成控制法 |
| DID | Difference-in-Difference | 双重差分法 |
| PSM | Propensity Score Matching | 倾向匹配法 |
| CAC | Command and Control | 命令控制型 |
| MBI | Market-Based Incentive | 市场型 |
| MRV | Measurement, Reporting and Verification | 监测报告与核查 |
| BaU | Business-as-Usual | 照常发展情景 |
| RCP | Representative Concentration Pathway | 典型浓度路径 |
| SSP | Shared Socio-economic Pathways | 共享社会经济发展路径 |
| GDP | Gross Domestic Product | 国内生产总值 |
| $CO_2$ | Carbon Dioxide | 二氧化碳 |
| GHG | Greenhouse Gas | 温室气体 |
| DMSP | Defense Meteorological Satellite Program | 国防气象卫星计划 |
| IIASA | International Institute for Applied Systems Analysis | 国际应用系统分析研究所 |

# 目录

# 第1章　绪　　论

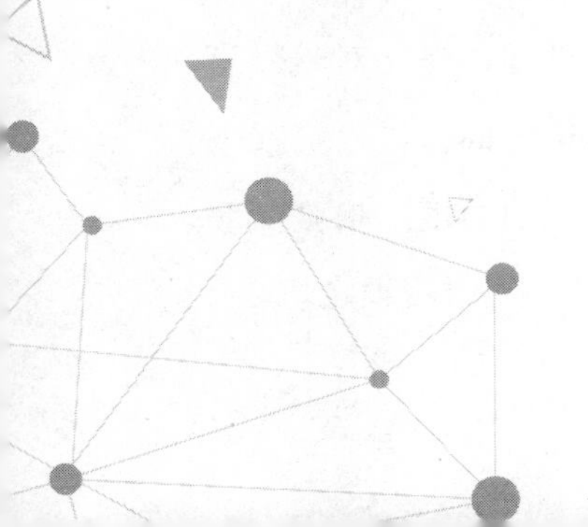

## ◉ 1.1 研究背景

气候变化不是单纯的自然科学问题，涉及社会科学、地缘政治、外交战略、伦理道德等多个领域，跨学科的综合性、复杂性特征显著。其本质是全球尺度的环境外部性问题，需要各国采取联合行动、集体应对。为减缓和适应气候变化，国际社会制定了一系列与气候治理相关的法律和机制，在国家和地区之间开展协调行动。气候治理是多主体、多因素的综合博弈，形成各方接受而又连续稳定的应对方案难度非常大。全球气候治理之路崎岖而又充满波折，其中掺杂着政治偏见，交织着利益诉求，相关政策和目标往往是折中的选择和妥协的产物，这对治理方案的公平性和有效性提出了严峻挑战。逆全球化趋势下，全球气候治理格局正在经历深刻变化，治理赤字和治理难度与日俱增。立足当前全球气候变化这一重大现实问题及国家应对气候变化的战略需求，在科学框架内建立政策评估模型，从“时间—空间”两个维度，从“全球—国家—地区—企业—网格”五个层次，综合分析气候治理政策的实施效果。通过评估过程，深化对气候变化问题的认知；根据评估结果更新政策目标、调整政策方向。以“实践—认识—再实践—再认识”循环往复的过程提升气候治理的力度、增强减缓和适应气候变化的能力，从系统工程和全局角度寻求新的气候治理之道。

### 1.1.1 应对气候变化需要集体行动

工业革命（1750年）以来，大气中温室气体浓度明显增加。根据美国国家海洋和大气管理局（National Oceanic and Atmospheric Administration，NOAA）的观测数据，2018年，全球二氧化碳（$CO_2$）平均浓度超过407mg/dm$^3$[1]，是1750年工业化前水平的147%，已经超过了80万年前的自然变率[2]（图1.1）。2019年5月观测数据显示，夏威夷冒纳罗亚（Mauna Loa）观测站的$CO_2$浓度达到414.7mg/dm$^3$，是过去300万～500万年的最高值[3]。增强的温室效应使得自1860年有气象仪器观测记录以来，全球平均温度升高了（0.6±0.2）℃。全球升温使得人类与生态系统业已建立起来的相互适应关系受到巨大影响和扰动，其变化速率超过人类和很多生命体的适应速度，已成为当前及今后各国面临的严峻挑战。1988年，联合国环境规划署（United Nations Environment Programme，UNEP）和世界气象组织（World Meteorological Organization，WMO）共同发起成立了非政府组织——联合国政府间气候变化专门委员会（Intergovernmental Panel on Climate Change，IPCC），负责评估国际学界在气候变化领域的研究工作，在一致性框架内集成各项成果，提出科学评价和政策建议。此后，IPCC组织撰写了系列评估报告，推动了国际社会关于气候变化的科学认知，是实现各方协调合作的重要桥梁。根据IPCC在2014年发布的第五次评估报告，人类活动对气候系统的影响是明确的，1951—2010年全球平均地表温度上升非常有可能是人为温室气体浓度上升及其他相关人为活动引起的（可信度为95%）[4]。2018年，IPCC发布《全球升温1.5℃特别报告》，指出如果按照目前每10年平均约0.2℃的温升趋势，全球地表平均气温最快可能在2030年间达到1.5℃温升。一旦突破1.5℃温升临界点，气候灾害发生的频率和强度将大幅上升，会带来水资源短缺、旱涝灾害、极端高温、生物多样性丧失和海平面上升等长期不可逆的风险。极端气候事件和严重自然灾害将导致巨大的经济损失和人员伤亡，影响地区乃至世界的稳定和安全，给人类的生存和发展带来严峻挑战[5]。可见，气候变化存在诸多不确定、不可控因素，这些因素一旦被激活，很有可能产生不可逆的后果，带来复杂的系统性风险，并且有可能导致风险的集中爆发。

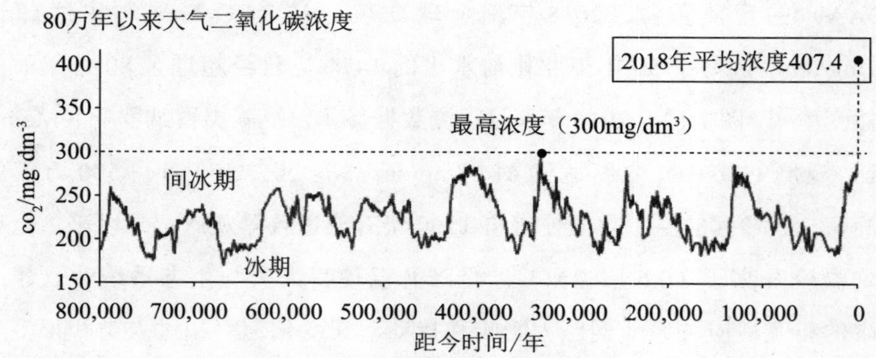


**图 1.1　大气二氧化碳平均浓度变化**

资料来源：美国国家海洋和大气管理局（NOAA）观测数据

气候变化可能带来的灾难性后果倒逼人类直面气候治理问题。20 世纪 70 年代，国际社会提出了“全球气候治理”的概念，以期开展集体决策下的共同行动。全球气候治理要求“在缺少国际中央权威的情形下”，以“全球治理”路径应对气候变化带来的不利影响。此后，国际社会构建了多层次、多区域、多主体的一系列制度安排。1992 年《联合国气候变化框架公约》（*United Nations Framework Convention on Climate Change*，UNFCCC，以下简称《公约》）[6]全面确立了规制气候变化的国际环境法律制度，明确“共同但有区别的责任”（CBDR-DC），标志着集体应对气候变化开始进入制度化轨道。《公约》建立了一种谈判机制，在此机制下缔约方定期举行缔约方大会（Conference of Parties，COP）以推动气候治理进程。1992 年《公约》签署以来，围绕《公约》框架，全球气候治理演化出一条从规则到行动再到全面行动的清晰轨迹（如图 1.2 所示，作者整理）。

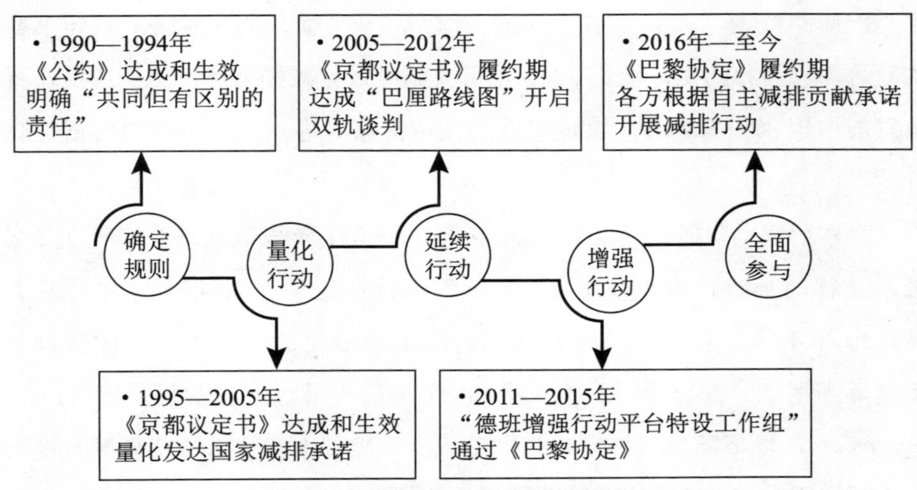


**图 1.2 全球气候治理机制的发展和演化**

资料来源：作者根据 UNFCCC 网站公布的气候协定文件整理

“量化行动”阶段（1995—2005 年）。作为《公约》的补充条款，《京都议定书》（*Kyoto Protocol*，以下简称《议定书》）于 1997 年通过并于 2005 年正式生效，确立了“自上而下”的全球气候治理机制[7]。《议定书》量化了主要工业化国家（附件 B：控制组国家和地区列表，共 39 个工业化经济体）2008—2012 年间温室气体减排责任，将碳定价引入减排行动，设计了包括国际排放贸易机制（international emissions trading，ET）、联合履约机制（joint implementation，JI）和清洁发展机制（clean development mechanism，CDM）三种履约方式，以期通过更灵活、更经济的手段实现全球减排目标。《议定书》设置的减排目标具有法律效力，对于附件 B：控制组国家和地区而言是强制性的。从《公约》到《议定书》，全球气候治理实现了从规则到行动的重大突破，国际社会应对气候变化的重要时期由此开启。

“延续行动”阶段（2005—2012 年）。此阶段是《议定书》第一个履约期。由于美国在 2001 年宣布退出《议定书》，直接导致其他缔约方要求削减他们曾经认可的减排目标。为了推动减排进程，各方于 2007 年通过“巴厘路线图”，并开启“双轨谈判”。一方面，要求签署《议定书》的发达国家履行约定，承诺 2012 年后大幅度量化减排力度；另一方面，要求发展中国家和未签署《议定书》的发达国家要进一步采取应对气候变化行动。

“增强行动”阶段（2011—2015 年）。2011 年德班气候会议设立“德班增强行动平台特设工作组（ADP）”，旨在提高 2020 年前减排行动力度。2013 年华沙会议，缔约方规划达成了新协定的路线图，气候治理新机制逐渐明朗。2015 年 12 月，近 200 个缔约方通过《巴黎协定》（*Paris Agreement*，以下简称《协定》），进一步明确了本世纪末将全球温升控制在不超过工业化前 2℃这一长期目标，并将 1.5℃温控目标确立为应对气候变化的长期努力方向 [8]。《协定》正视了国内政治力量在全球气候治理中的地位和作用，在治理范式、治理主体、减排目标和运行机制方面进行了多项重大改革。人类遏制气候变暖的努力进入了新的纪元。2016 年 11 月 4 日，《协定》正式生效，标志着全球气候治理从“自上而下”的国际约束型模式向“自下而上”的国内驱动型模式转变。

“全面参与”阶段（2016 年至今）。此阶段，全球气候治理进入后巴黎时代，治理的主体更为多元、约束目标更为宽泛。《协定》以降低约束的形式换得更广泛的参与。在该机制下缔约方每 5 年提交一次“国家自主减排贡献”（national determined contributions，NDC），由各国根据各自国情、减排能力等自主制定减排目标，打消了发展中国家的顾虑 [9]。然而，各国从自身角度出发设计的减排行动与全球温控目标之间难以统一，因此《协定》第三条提出“国家自主减排贡献要体现有力度的努力，且努力将随着时间的推移而增加”，以期通过定期更新解决减排力度不足的问题。为使自主贡献与全球目标不断趋近，《协定》设置了动态评估机制，评估减排努力与全球目标之间的差距，为下一轮更新提供参考。首轮全球盘点将于 2023 年开始。

### 1.1.2 气候变化的复杂属性引发治理失灵

全球气候治理的目标是形成一份世界各国普遍接受的温室气体减排协议并付诸行动[10]。为此，国际社会做出了持续不断的努力。然而进入21世纪以来，气候谈判屡屡受挫，各国陷入集体行动的困境。英国“脱欧”、美国退出《巴黎协定》、美国“贸易战”等一系列地缘政治事件凸显了“逆全球化”趋势，提高了全球社会碳成本。气候治理赤字和治理难度与日俱增，主要表现在以下两方面。

首先，气候协定达成的共同目标难以实现。现有多数研究表明，各国提交的国家自主减排贡献无法满足《巴黎协定》长期温控目标的要求[11]。为进一步推动减排力度的提高，2019年召开的第25次联合国气候变化大会（COP25）就《巴黎协定》实施细则的一些关键性议题开展协商，然而各方未能达成一致，谈判结果“令人失望”。其次，治理供给落后于治理需求。随着减排压力的提高，国际社会对公共产品需求日益增大，但公共产品供给的严重不足与旺盛需求之间的矛盾日益凸显。一方面，由于气候公共物品的属性，有的参与方有“搭便车”倾向，导致国家利益最大化与全球利益最大化之间的必然冲突；另一方面，传统大国的供给意愿近年来急速下降，供给责任和担当意识明显减弱，气候治理话语权出现“真空状态”。

造成这种局面的原因既有气候变化问题本身固有的复杂属性，又有机制设计不完善等因素。其一，国家之间利益诉求不同。各国在寻找减排对策方面的制度化行动是人类共同面对灾害的壮举，但由于在经济基础、科技实力和温室气体排放量等方面存在差异，不同国家的利益诉求出现分化。各国为了本国利益或集团利益进行博弈，往往将经济发展置于气候治理之上，这些问题限制了国际社会的深度合作，使各国陷入集体行动的困境。其二，气候治理机制合理性不足。气候治理机制包括减排量核算、责任分担规则、资金支持规模及来源、低碳技术推广措施等，这些环节设计得是否合理直接影响预期目标能否实现。机制设计不合理，对缔约方的激励与约束作用难以真正发挥，进而可行性和有效性会大打折扣。其三，气候治理政策有效性不足。目前气候治理的政策工具有限且成本过高。有限的政策工具，比如碳排放权交易机制，其有效性明显不足。碳交易市场发展至今二十余年，仍然存在交易数据透明度不足、完整性缺乏等问题。部分碳市场配额分配宽松、流动性低，对政策的实际效果产生负面影响。

### 1.1.3 政策评估是提升气候治理效果的必要途径

全球气候治理的关键在于克服“集体行动的困境”，即通过集体行动来取代个体行动，达到个体通过参与集体行动的收益大于单方行动的收益，最终实现国际社会福利最大化的目标[12]。气候治理具有全球性、跨区域、多主体和长周期等特点，相关政策的制定和实施需要平衡国际压力与国家利益、减排目标与减排能力等之间的关系，需要综合考虑减排成本与减排收益、代际公平和代内公平、气候风险与技术进步等因素。气候治理本身固有的复杂属性对机制设计提出了很大挑战。当前的全球气候治理与其他国际环境机制类似，存在“无政府状态下的低效率”问题[13]。缔约方可以通过不决策或决策后不行动的方式来进行实质上的“否决”。气候协定只能引导缔约方尽可能遵守承诺，但并没有实质上的硬性约束。减排方案执行的速度、方式和范围取决于缔约方的国家利益与发展目标。以上种种因素增大了政策执行效果的不确定性。

此外，气候变化的影响、减缓与适应具有利益分布不均衡的特点，体现在代际和代内的不公平性。不同国家地区、行业减排成本不同，带来了利益的不均衡。防止气候变化带来的收益要在远期才能看到，而减排费用却要在当下支付。因此，对于参与气候治理的国家而言，做出理性选择的一个重要前提是能够获得这个领域必要的科学评估和解决方案及其影响的信息。

政策评估是考察政策实施效果与社会经济影响的有效方法，其意义在于对政策效应的科学评估和预判，以及对问题政策的调整产生影响[14]。政策评估模型是评估气候治理方案的主要工具，包含事前、事中和事后评估。既可以对已实施的气候治理政策的实现程度进行研判，也可以在未来可能发展路径下模拟政策效果。在模型评估的基础上，决策者可选择调整、完善或者终止相关政策。科学合理、精准有效的政策评估，对于改进现有气候治理体系、提升未来气候治理水平具有重要作用。

后巴黎时代逆全球化等复杂国际局势对全球气候治理进程提出了严峻挑战。2019 年联合国环境规划署发布《排放差距报告》，指出如果全球温室气体的排放量在 2020 年至 2030 年之间若不能以每年 7.6% 的水平下降，则世界将失去实现 1.5℃温控目标的机会。此外，后巴黎时代对气候治理精准化、综合决策的科学化提出了更高的要求。现有气候政策评估输出的结果以行政区域尺度为主，无法反映更详细的信息，不利于差异化减排策略的制定。当前正处于全球气候治理的十字路口，现有的气候治理机制是否公平合理，各方行动力度和行动方式是否全面有效，将对未来气候治理的走向产生深刻影响。在科学框架内开发多情景多尺度评估方法、构建系统化评估机制，是提升气候治理效果的必要途径。

### 1.1.4 开展气候治理政策评估是提出中国方案的基础

我国一直是全球应对气候变化事业的积极参与者，是世界节能和利用新能源、可再生能源第一大国。习近平总书记在多次国际国内重要会议上表明中国将应对气候变化作为生态文明建设的重要部分来推动，“将应对气候变化作为实现发展方式转变的重大机遇，积极探索符合中国国情的低碳发展道路。中国政府已经将应对气候变化全面融入经济社会发展总战略”。我国在 2015 年巴黎气候大会上承诺，到 2030 年碳强度相较 2005 年下降60%～65%，2020年9月，我国在联合国大会一般性辩论上提出“2030年前碳达峰、2060年前碳中和”。“自我加压、主动担当”的减排承诺彰显了我国构建人类命运共同体的大国责任和担当。在习近平生态文明思想指导下，我国围绕环境治理和绿色发展路径展开了一系列探索，已成为全球生态文明建设的重要参与者、贡献者、引领者。为推动全球生态文明建设迈向新台阶，我国应积极参与应对气候变化全球治理，增强在全球环境治理体系中的话语权和影响力。从管理层面看，评估和改进气候治理政策在中长期发展规划中的地位和作用日益凸显，是转变经济发展方式、实现高质量发展的必由之路。在此背景下，对外为我国参与全球气候治理寻找最优合作路径，对内为碳减排算一笔经济账和生态账，十分必要也非常迫切。

### 1.1.5 气候治理政策评估要解决的科学问题

气候治理指的是多元主体为应对气候变化做出的共同努力，涉及全球、区域、国家、地区、企业等多个层级，影响工业、交通、居民等多个部门。**气候治理政策评估长期面临这样一个关键性的管理科学问题：如何给出权衡长期经济发展和应对气候变化的最优路径，制定不同时间段、反映“轻重缓急”的应对方案，在保证公平性情况下，使各方既能保护自身利益，又能实现减排目标**。图1.3展示了气候治理体系的典型环节，以及各环节政策评估关注的主要内容。整个体系涉及多个关键节点，其逻辑思路如下：国际气候治理体系的构建，关键在于气候协定的达成；气候协定实现的关键在于能否将其内化为各缔约方的减排目标；气候治理目标的达成，关键在于缔约方的减排行动；缔约方减排行动是否有效，关键在于参与主体的积极性和行动力度。上述各环节环环相扣、互相影响、缺一不可。矫正治理失灵，要贯穿气候治理的全过程。从国际减排承诺到国内减排行动，为提升气候治理效果、实现气候治理目标，需要回答以下科学问题。

（1）从集体行动视角看："自上而下"的国际气候协定是否有效推动了缔约方减排？假如有效，该如何量化政策效果？

（2）从自主减排视角看："自下而上"的国家自主减排贡献减排力度是否充足？如果减排力度不足，为实现长期温控目标，如何构建各缔约方改进现有减排贡献的参考标杆？

（3）从区域视角看：区域碳排放呈现出一定的差异性，这意味着未来碳交易也需要根据不同地区的碳排放特征，构建新的区域碳减排配额框架，以促进区域产业的有序转移与协调发展。在有限排放空间约束下，缔约方如何设计公平合理的减排方案以实现区域协同治理？

（4）从行业视角看：在减排政策力度不确定的条件下，高碳企业如何调整运营策略以适应气候政策环境？

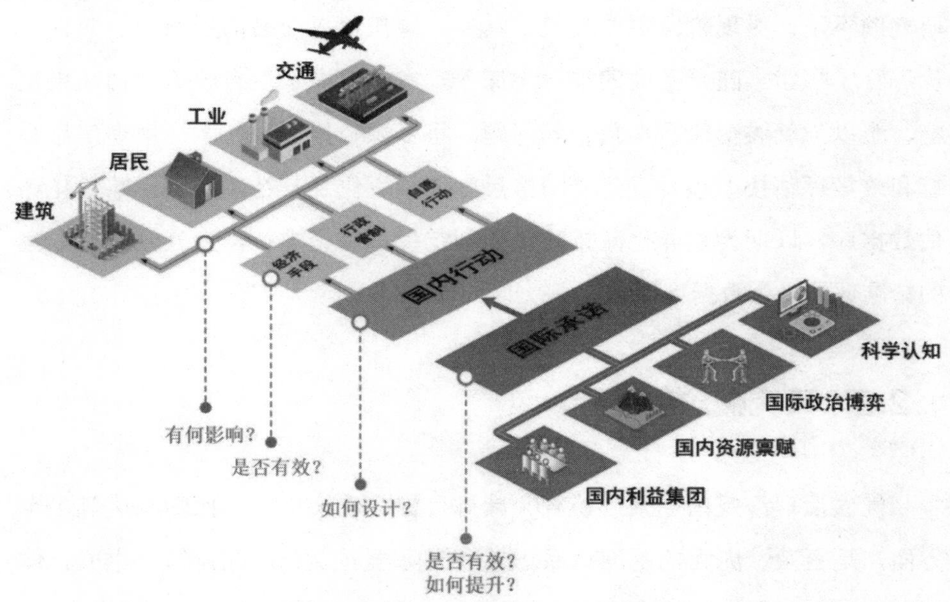


图 1.3 气候治理体系的典型环节

（5）从高质量发展视角看：多主体协同治理的关键在于差异化减排策略的制定；差异化减排策略的制定离不开精细尺度的信息。如何拓展传统研究维度和研究范式，提高政策评估模型的精度、打破行政区划概念，开展多尺度减排方案的设计和评估？

## ◉ 1.2　研究的由来、目的和意义

### 1.2.1　研究的由来

本书以习近平生态文明思想为指导，以气候治理相关政策为对象，开展了气候政策综合评估研究，分析了国际气候协定政策效果，并提出下一步改进的方案，在一定程度上弥补了国内外关于逐步改进现有减排力度研究的不足；对现阶段主要政策工具——碳排放权交易的应用及有效性评价进行了探索。随着研究的进一步深入，本书考虑了现有政策评估结果粗糙、难以与气候变化数据耦合等问题，将多源数据融合技术、地理信息系统和政策评估模型耦合，建立网格尺度气候变化及其社会经济影响量化评估数据库，以期为差异化减排政策的制定提供决策支持，为气候治理方案的精准评估提供数据支撑。

### 1.2.2　研究概念的诠释

气候治理涉及国际气候谈判、减排目标、政策措施、保障制度等多个方面，是复杂、庞大的制度体系。参考国际学界现有研究，结合本书具体研究工作，本节对全书涉及的相关概念进行界定和说明。

根据《公约》第一条，全球气候治理语境中使用的“气候变化”指的

是在可比较的一段时期内，除自然气候变化外，由人类活动直接或者间接改变全球大气组成而引起的气候变化。参考 IPCC 第五次评估报告，2℃和 1.5℃温控目标分别对应的二氧化碳当量浓度不应超过 450mg/dm$^3$ 和 350mg/dm$^3$。参考 IPCC 评估报告及现有研究，气候治理指的是多元行为主体（主权国家、地区、次国家行为体等）通过正式或非正式制度安排构建的应对气候变化的规则、机制和体系，其目的是为国际社会集体应对气候变化提供多边协商、多元并存的健康秩序。气候治理机制是国家或地区通过联合国气候变化谈判建立起来的用以规范相关行为主体温室气体排放行为的制度安排总和。目前最为核心的是《公约》《京都议定书》和《巴黎协定》。

在机制框架下，衍生出了多种治理模式（即减排责任分担方式）。现有气候治理机制根据执行方式可划分为“自上而下”（top-down）和“自下而上”（bottom-up）两类。“自上而下”指的是各方首先达成共同减排目标，然后根据一定的责任分担原则（burden-sharing principles）将总目标分配到各缔约方。此类模式法律约束力强，辅以较为严格的遵约机制，排放量的核算规则统一，且设有严格的测量、汇报、核证规则以确保透明度。自 1990 年国际气候谈判启动以来，《公约》的模式均为先确定臭氧层破坏物质的减排目标，再在国家、行业层面进行目标分解。《京都议定书》是“自上而下”气候治理模式的典型代表。“自下而上”指的是各方根据各国自身对其责任与能力的理解分别提出减排目标或行动方案，总量、力度、涵盖范围等均自主决定。此类模式以“弱约束”换“强参与”，核心是在全面参与的基础上实现最大可能的力度，并以动态的更新机制逐步提高力度并最终实现全球目标。《巴黎协定》是此类模式的典型代表。

参与气候治理的行为主体在国际机制框架下选择有效的政策工具、制定具体措施，开展国家和地区治理行动。目前，温室气体减排方式主要有命令控制型（command and control，CAC）和市场型（market-based incentive，MBI）两类。市场机制包括数量控制和价格控制两种减排措施，分别对应碳排放权交易制度和碳税制度，在碳减排领域可称作“碳定价机制”。本书涉及的国家和地区气候治理行动指的是碳排放权交易机制，该机制的设计和运行包括排放空间分配及配额交易两个主要环节。前者基于碳排放配额总量或者减排目标，遵循一定的分配原则（公平原则、效率原则、可行性原则等），通过分配方法确定不同国家或区域的碳排放配额。碳排放权交易指的是政府将碳排放权（碳配额）分配给交易主体（行业、企业、个人等），交易主体在制度框架内进行市场交易，实质是减排成本的责任分摊，是一种直接管制与经济激励相结合的政策工具。

### 1.2.3 研究的目的与意义

气候变化不仅仅是气候问题本身，还有经济和政治问题的介入，其背后涉及国家利益，具有不确定性强、风险大、利益主体相互交织的特点，以上属性使得这一环境问题比其他交叉领域问题更加难以解决。对气候政策进行科学评估有助于给出权衡长期经济发展和应对气候变化的最优路径，为制定不同时间段、反映“轻重缓急”的应对方案提供决策支持。本书面向国家重大战略需求和气候治理政策评估的国际国内研究前沿，从“时间—空间”两个维度，“全球—国家—地区—企业—网格”五个层次，量化研究气候治理的政策效果，为纠正气候治理失灵、提升治理效果提供可能的方案。以期达到以下研究目的。

（1）评估气候协定效果，构建减排目标改进的参考标杆。目前主要的国际合作模式有以《京都议定书》为代表的“自上而下”和以“巴黎协定”为代表的“自下而上”两类。分别对以上两种气候协定的实现程度进行研判，评估缔约方的减排力度及减排政策的实际效果。进一步地，综合考虑各缔约方实际减排能力与全球减排需求，设置目标更新区间。在现有《巴黎协定》体系下，识别减排诚意不足的国家和地区，提出目标更新的下限；基于公平性原则量化现有减排力度与长期温控目标之间的差距，提出目标更新的上限，从而为推动各方减排力度的进一步提升提供决策参照。

（2）设计碳排放权交易方案，优化多主体参与机制。实施多主体协同治理，可以在很大程度上解决目前气候治理进程中的诸多问题。协同治理涉及横纵两个维度，纵向上的协同指的是政府主体内部的协同，横向上的协同是指政府与市场、社会等非政府主体的协同。从纵向看，受资源禀赋等因素的影响，区域之间减排成本和潜力各不相同，造成地区间减排难度的差异。因此，需要基于区域异质性的客观现实，设计兼顾减排效率与区域均衡发展的碳排放权配额分配方案。从横向看，企业是减排行动的参与主体，其积极性决定了政策实施效果，需高度激活和重视企业在应对气候变化中的作用。因此，在综合考虑我国企业在发展过程中面临的经济、技术、环境和政策等多方面因素，评估碳交易政策对企业的影响之上，为企业适应未来的减排政策环境提供转型路径。

（3）开发多源数据时空匹配方法，打破数据行政边界、细化研究尺度。主要的全球气候变化情景研究大都以行政区域为运行单元，把世界分成了若干个区域。为了与地球系统模式耦合，需要将基于行政区域划分的调查数据、普查数据及统计数据转化为能够与自然地理区域或者标准网格系统相互兼容的数据格式。此外，由于气候变化物理特性所决定，在气候治理过程中若局限于行政区划，地方间彼此割裂开展工作，容易陷入地方保护主义，无益于治理工作的落实。因此，开发多源数据融合技术，将大数据、政策评估模型和地理信息系统结合，建立多源数据平台，把传统的、以基层行政区为统计单元的社会经济数据按照一定规则分配到地理网格上，在精细网格尺度范围内科学测定和预估气候变化的影响，为更好地应对气候变化问题提供科学支持。

气候治理政策效果的研究是未来全球气候变化问题在区域层面上实际反映的主要方法，同时具备全球气候变化与区域实践的双重属性，是全球气候变化相关研究的重要组成部分。本书通过对气候政策综合评估，将“参与全球治理”与“实现中国目标”二者建立有机联系，为缔约方参与全球气候行动提供了方案；通过多源数据融合模型，将国家尺度的减排目标分解至网格尺度，为地方制定减排政策提供实践指导和决策支持；通过网格尺度数据平台的开发，将“实现中国目标”与“差异策略制定”结合，为编制“网格尺度—县级尺度—省级尺度”的减排清单提供支撑。网格层面的数据能够揭示气温等地理要素与社会经济要素在网格空间上的精细差异变化，进而可以准确地刻画这两个变量的相关关系，进一步完善气候变化综合评估模型的开发和应用。本书在理论和应用层面的意义如下。

（1）“因策制宜”开发综合评估模型，有助于提高评估结果的精准度。从气候治理规则到气候治理行动，政策目标、执行主体、覆盖范围、影响因素等均不相同，因此，需要针对不同类型的气候治理机制和气候治理行动，分别构建相应的评估方案。通过政策评估过程，深化对气候变化问题的认知；根据评估结果更新政策目标、调整政策方向。以“实践—认识—再实践—再认识”循环往复的过程提升全球气候治理的力度，增强减缓和适应气候变化的能力。

（2）贯穿治理全过程的政策评估，有助于提高纠正气候治理失灵方案的可行性和有效性。当前国际气候治理的主要矛盾已经转变成现有气候治理理念及其相应机制体制的严重滞后与构建新型国际关系和人类命运共同体之间的矛盾。现有机制已经无法解决气候治理与日俱增的失灵赤字。因此，从国际减排承诺到国内减排行动，对气候治理各环节的主要政策进行评估，在科学研判基础上提出纠正治理失灵的改进方案，有助于提升气候治理效果、实现共同目标。

（3）提出“中国方案”、落实“中国承诺”，将有利于中国在全球应对气候变化中发挥建设性引领作用。积极参与应对气候变化全球治理是践行习近平总书记全球治理新理念的重要契机，是开展生态文明建设的必然路径。当前正处于全球气候治理体系重建的关键时期，开发多情景多尺度的气候政策综合评估模型，并提出体现公平合理、满足合作共赢的减排方案，可为我国深度参与国际气候治理提供决策支持。

（4）优化碳交易机制设计，有助于推动我国的生态文明建设。我国正处在新型工业化、信息化、城镇化、农业现代化快速发展阶段，能源消费总量仍将增长。同时，还属于气候恶化可能导致经济发展不可持续性总危机的国家[15]。面对巨大的减排压力和迫切的减排需求，我国需要结合具体国情对碳排放交易机制进行优化，走一条符合国情的气候治理之路。以多主体协同治理为抓手，通过优化机制，弥补碳交易机制设计和实施过程中的缺陷，缓解“资本—气候”二者间的矛盾，满足国内绿色转型、生态文明建设及全球气候治理的要求。

（5）开发网格尺度的数据，有助于提高后巴黎时代气候行动管理和评估的智能化水平。通过对多源数据融合技术的开发，将大数据、政策评估模型和地理信息系统结合，可实现在精细网格尺度范围内科学测定和预估气候变化的影响。将数据融合技术纳入气候治理机制评估，打破行政区划概念，以网格尺度输出评估结果。网格化数据产品可支撑气候治理形势的综合研判、政策制定和风险预警，推动气候治理政策的精准化、综合决策的科学化。

## 1.3 研究思路与全书框架

### 1.3.1 研究思路与技术路线

本书以气候治理政策为研究对象、以政策评估工具为手段，从公平性、有效性、可行性等角度对气候政策进行综合评估。研究思路及行文逻辑如下：受政治立场和利益诉求的影响，为实现更广泛的参与，国际气候机制往往会放松约束、降低要求。因此，需要定期进行政策评估以提升治理效果。全球气候治理规则以气候协定为主要载体，各方气候治理行动以具体政策为主要体现。气候协定可分为“自上而下”和“自下而上”两类。前者存在的主要问题是没有考虑国家间的异质性，因此开发“气候协定有效性评价模型”，采用“准自然实验”的方法，对气候协定的政策效果进行评估；后者存在的主要问题是出于短期经济发展的考虑，各方有可能保留减排实力造成共同目标难以达成的结果，针对后者开发“国家自主减排贡献改进模型”，基于公平性分配原则，提出各缔约方改进现有减排力度的参考标杆。缔约方气候治理行动涉及减排方式的选择、具体方案的设计及实施效果的评估。碳排放权交易是现阶段采用市场机制进行减排的有效工具，结合我国建设全国统一碳排放权交易市场的政策背景，开发“区域碳配额分配模型”，基于责任分担模型实现碳配额总量在不同地区之间的分配，进一步地将宏观配额分配结果应用到了微观区县市场机制设计中，为区域协同发展趋势下地区联合履约机制的设计提供决策支持；开发“碳排放权交易有效性评价模型”，基于优化模型，从微观层面评估碳交易对履约企业的影响。以上全球层面规则的评估与改进和国家层面的行动设计与分析，结果报告的形式均为宏观行政单元数据。为克服此类数据空间分辨率低的问题，开发“多源数据融合模型”，实现数据从“网格单元”到“行政单元”，以及从“行政单元”到“网格单元”的自由转化，满足多尺度研究需要。进一步地，将其应用到温控目标下我国减排责任区域分解研究中，从系统工程和全局角度寻求新的气候治理之道。此外，本书构建具有地理信息属性的多维数据库，在现有研究结果的基础上编制精细网格尺度的减排责任清单，为差异化减排政策的制定和减排效率的提高提供数据支持。全书技术路线如图 1.4 所示。

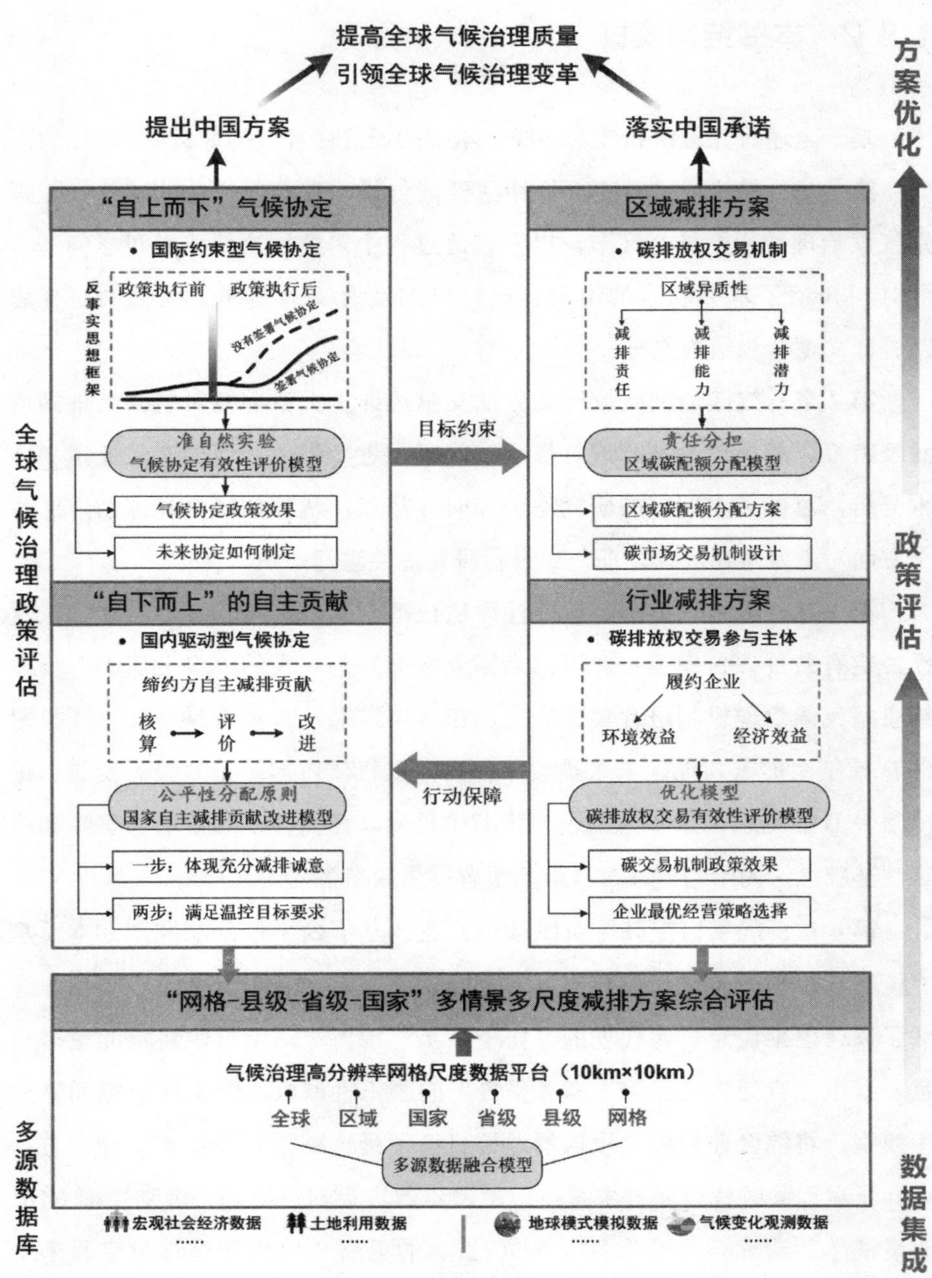


图 1.4 气候治理政策综合评估研究框架

### 1.3.2 本书结构安排

基于上述研究思路和技术路线，本书的研究内容分为 8 章。

**第 1 章：绪论**。本章主要介绍了开展气候治理政策评估的重要性、识别气候治理过程的核心环节，以及在此过程中需要解决的关键科学问题。同时，介绍了本书选题的由来、研究目的及意义；阐述了全书的研究思路、行文逻辑和结构安排。

**第 2 章：气候治理政策评估方法文献述评**。本章主要对气候治理的内涵及特征、相关理论基础进行梳理和阐释。进一步地，通过文献计量和文本分析，总结了本领域的研究态势和研究热点，从评估视角和评估方法两个方面对主要研究进行述评，对最新研究进展进行归纳。

**第 3 章：国际气候协定有效性评估：基于准自然实验**。本章建立了气候协定有效性评价模型，对以《京都议定书》为代表的“自上而下”国际约束型气候治理机制进行实证研究。在《议定书》政策效果基础上模拟附件 B 控制组国家和地区未来排放路径，并以气候协定政策效果为变量，提出附件 B 控制组国家和地区进一步减排目标。在保存了政策的连贯性和稳定性基础上，为缔约方减排目标的设置提供决策参考。

**第 4 章：国家自主减排贡献改进方案：基于公平性分配准则**。本章从“核算—评估—改进”思路出发，建立了国家自主减排贡献改进模型，评估了以《巴黎协定》为代表的“自下而上”国内驱动型气候协定的减排贡献。基于“责任”“能力”和“平等”的公平性原则，开发排放空间降尺度模型，将综合评估模型模拟的温控目标下最优减排路径落实到缔约方；设计了后巴黎时代国家自主减排贡献两步改进策略，编制了国别层面 NDC 改进清单。研究结果可为各方 NDC 目标的更新、2023 年全球盘点和未来的温室气体减排的精细化管理提供决策支持。

**第5章：区域碳排放权交易机制设计：基于责任分担模型**。本章从区域协同视角出发，建立区域碳配额分配模型。在减排目标约束下，考虑社会经济发展的多种可能路径，核算区域排放总量；综合考虑地区减排责任、减排能力和减排潜力，构建区域碳配额分配综合指数。以京津冀地区为例进行实证研究，讨论了不同情景下省级行政单位和县级行政单位碳配额分配方案，并在此基础上探讨了区域碳交易机制的建设。研究结果可为构建跨行政区碳市场提供参考。

**第6章：行业碳排放权交易效果评估：基于优化模型**。本章以碳交易市场履约企业利润最大化为目标，运用线性规划方法建立碳排放权交易机制有效性评价模型，并以我国交通运输企业为例进行实证研究。通过对比碳交易实施前后的排放总量和经济效益，评估碳交易机制是否有效；通过对比不同碳配额分配方式下的排放总量和经济效益，评估配额分配机制的节能减排效果，并得出企业在不同配额分配机制下运输模式的选择方法。研究结果可为交通运输行业参与全国碳交易市场提供科学支撑和决策依据。

**第7章：中国多尺度减排方案评估：基于多源数据融合模型**。本章开发了耦合多源多尺度数据的方法，实现了数据由面到点的有效转化，构建了具有地理信息属性的多维数据库。通过多源数据融合模型，将温控目标下国家尺度的减排目标分解至网格尺度，为地方政府制定减排政策提供实践指导和政策支持。多源数据融合模型的开发可为地球系统模式和社会经济模型的嵌套研究提供技术支持、为全球气候治理政策评估向精细化方向发展提供数据支撑。

**第8章：全书研究结论与展望**。本章对全书通过建模分析得到的主要结论、相关政策启示及主要创新点进行了归纳和总结，指出现有研究存在的问题和未来改进的方向，对有待进一步研究的工作进行展望。

# 第 2 章　气候治理政策评估方法文献述评

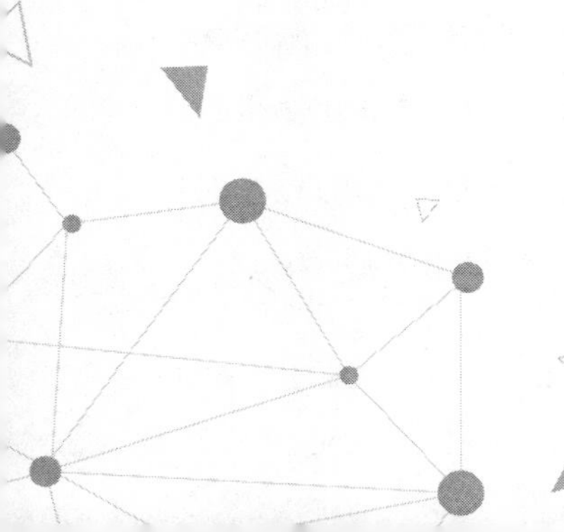

气候变化是典型的交叉学科，与其相关的政策评估在经济学、管理学领域占有重要地位，有大量顶级学者在从事气候政策评估的研究工作。例如，已故的诺贝尔经济科学学奖获得者托马斯·谢林（Thomas Schelling），埃里诺·奥斯特罗姆（Elinor Ostrom）长期从事气候冲突、协调和环境治理领域的研究工作，肯尼斯·阿罗（Kenneth Arrow）在晚期主要致力于气候变化研究。耶鲁大学经济系和环境学院双聘教授威廉·诺德豪斯（William Nordhaus）因“把气候变化集成到长期宏观经济分析中”作出的杰出贡献获得了 2018 年诺贝尔经济科学奖。诺德豪斯教授在索洛经济增长模型基础上建立了描述经济系统与气候系统之间相互作用的定量模型，是现阶段进行气候政策综合评估的主流工具。开展应对气候变化相关政策的评估工作是气候变化经济学的核心研究内容之一，是应对气候变化的基础性研究工作。本章对气候治理的内涵及其特征进行阐述和辨析，并对相关理论等进行梳理。进一步地，从气候治理政策评估的文献计量与文献综述着手，梳理本领域的研究脉络和研究热点，为确立本书的研究范式提供理论基础。首先，从评估对象和评估方法两个方面对研究现状进行综述、对最新研究进展进行归纳；然后根据对现有研究的评述，得出主要启示。

## 2.1 气候治理的内涵及特征

全球治理是在无最高权威条件下对跨越国家边界关系的治理，某种程度上表现为各国政府内部行为的国际化[16]。布鲁斯·琼斯（Bruce Jounes）等将全球化和全球治理分为六个主要领域，包括气候变化、核武器、生化武器、内战内乱、恐怖主义、经济和金融危机。其中，气候变化是全球治理议程中最重大的问题之一[17]。以《公约》为核心的气候协定是全球气候治理的主要工具，此类公约将自然界的气候变化与人类社会经济发展连接。气候协定的主要功能在于通过国际合作，降低国家间的减排成本，使得各方获得潜在收益。

IPCC 第五次评估报告第三工作组对全球气候变化机制进行了归纳和概括，并对机制的层级和要素进行了说明。如图 2.1 所示，现有治理机制由国际组织、国家或地区及次国家等三个层次的行动组成。国际上包括联合国系统的国际组织、非联合国组织及其他多边俱乐部等，围绕《公约》形成的一系列制度性成果处于整个治理体系的核心位置。在国际协定框架下，衍生出了种种应对气候变化的规则措施，主要包括地球工程、减缓和适应三种。鉴于国际层面上各国各自为政的局面，国家和地区已经开始采用应对气候变化的方案。这些方案的实施范围和进度虽然不同，但基本包括了总量控制与交易机制、基准线与信用机制、碳税与补贴、排放标准和能效许可等元素。

综合全球气候治理实践进展及理论研究所提出的各种主张，应对气候变化的政策工具主要可分为命令—控制型（command-and-control）和激励型（incentive-based）两类。命令—控制型政策是运用法律和制度，直接或间接地要求企业使用减排技术，通过检查、监控和罚款等标准化程序确保企业达到减排要求。激励型政策是政府制定总体目标和原则，然

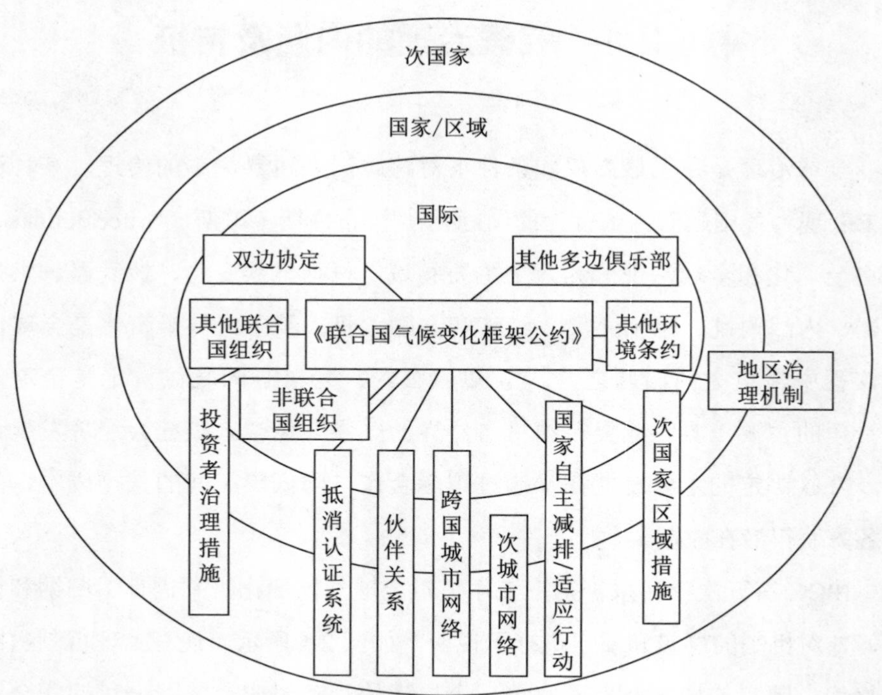


图 2.1 国际气候变化协议及相关制度安排

资料来源：作者根据 IPCC 第五次评估报告第三工作组报告整理

后给企业留下足够的追求利润的余地来激励企业采取成本有效的减排技术。激励型政策又可以进一步细分为两种，一种是基于数量控制的排放权交易（emission trading），另一种则是基于价格控制的排放税（emission tax）。其中，经济学家格外推崇以市场为基础的环境管理手段，即排放税和排放权交易。因为它们不仅能以最小的经济成本完成某一给定的减排目标，还为长远开发更廉价的减排技术提供动态激励。以碳交易为代表的数量型工具的实质则是控制碳减排量，通过总量对实体经济产生影响。根据科斯定理，当各方能够无成本地讨价还价并对大家都有利时，无论产权是如何界定的，最终结果都将是有效率的。因此，只要排放权初始的分配方式确定，各企业通过市场交易，利用价格体系的机能，可以促使污染外部成本内部化，以达到最适当的二氧化碳排放水平。与碳税的税率由政府所制定不同，碳交易价格由市场决定，这种决定方式灵敏度更大、效率更高。碳交易能够真正通过市场力量实现资源的优化配置，被经济学家认为是在效率和分配上更优的方法。

气候变化是典型的全球外部性问题。英国学者庇古提出，“边际私人净产品”与“边际社会净产品”之间的差别是导致外部性的根本原因。温室气体排放者对他人和社会造成了不利影响，但是这些负面影响的成本和排放者并不直接相关，排放者不用完全支付成本并承担后果。而其后保护则具有很强的正外部性，可以提供具有集体消费品或公共消费品性质的产品。气候治理是一种全球公共物品，因此，各参与方存在“搭便车”动机。参与全球气候治理是一个付费的过程，需要所有国家的参与，通过改变生产方式、取缔污染产业、发展新型能源等形式才能够达到可持续地提供安全大气环境的目的。国际社会需要合作应对气候变化的逻辑就在于，气候变化对全球及各国的利益均会造成重大影响，全球共同应对气候变化行动总体而言利大于弊。采取国际合作应对气候变化，最终会实现中长期内各国福利水平的共同改善，其结果要远好于延误行动或者行动不力而导致全球俱损，也好于仅有部分国家采取行动时全球行动力度仍然不足且利益分配格局可能出现重大偏颇的后果。

图 2.2 展示的是市场产出成本和收益的部分均衡模型，这里假设完全竞争、完全信息、完全流动、充分就业和许多相同的消费者（所有个人都从生产中平等受益，需平等地承担外部成本）。横轴表示生产物品产生的温室气体排放量，纵轴表示该物品的价格或单位成本。私人市场供给曲线是生产的私人边际成本（PMC），因此不受约束的均衡量在均衡价格 $P^0$ 时为 $Q^0$。然而，这种污染活动会产生外部成本，因此每单位产出都有一个社会边际成本（SMC），由 PMC 与边际外部成本（MEC）的垂直总和来衡量。在需求方面没有外部性的情况下，PMB = SMB。在上述简化假设下，社会最优值为在 $Q'$ 处，此时 SMC = PMB。那么，在这些简单的条件

下，可以通过几种不同的策略来获得最优数量。一个简单的监管配额可以限制产量从 $Q^0$ 到 $Q'$，或者固定数量的可交易许可证可以限制污染的数量 $Q'$。在这种情况下，$P^n$ 是净许可证成本（企业收到的价格）的均衡价格，$P^g$ 是许可证成本（消费者支付的价格）的价格毛额。许可证价格是差额 $P^g–P^n$。另一种选择是，对每单位污染征收（$P^g–P^n$）的税，将增加企业对 SMC 的成本，并导致均衡量移动到 $Q'$。以此经济框架为基础，可以讨论气候治理相关机制和具体政策的有效性和可行性。以图 2.2 为依据可以讨论气候政策的经济效应和分配效应、其他环境和社会效应，同时还可以用来讨论政策的可行性。

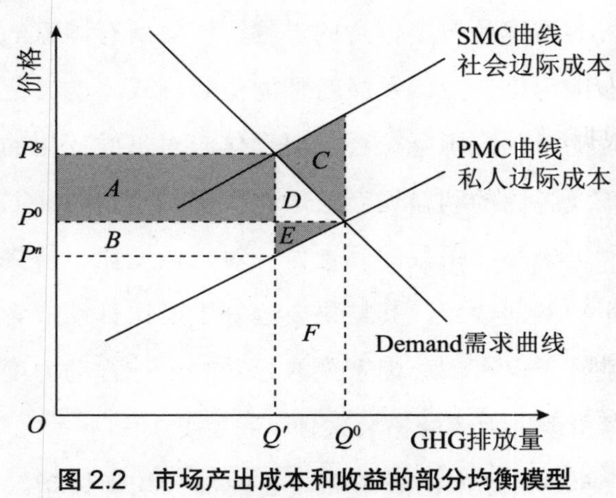

**图 2.2　市场产出成本和收益的部分均衡模型**

## ◉ 2.2　气候治理政策评价标准

气候治理政策研究是一个典型的多目标问题，存在多重评价标准[18]。IPCC 第五次评估报告第三工作组在第三章中提出了气候治理政策评价的要点，涵盖了经济效益、分配效益、环境效益及政策可行性四个主要方面。

（1）经济效益。包括经济效率（economic efficiency）、成本效益（costeffectiveness）和交易成本（transaction costs）三个维度。根据图 2.2，由于温室气体排放减少而节约的成本（SMC 的高度）超过了产出带来的收益（PMB 的高度），因此温室气体排放量的减少会导致效率的提高。现实操作中，可以通过碳交易等政策来实现。在政策约束下，产量进一步减少到 $Q'$，此时 SMC=SMB。图 2.2 中的 C 区域面积表示经济效率的增加部分。目前，大部分研究只考虑了政策的直接成本，政策实施的资金和运行成本、行政成本等间接成本很难度量，在气候政策有效性评估中很少被涉及。

（2）分配效益。一项政策的实施可能给一些人带来收益，给另一些人带来损失。可以用社会福利函数（social welfare function，SWF）来量化政策的总价值。根据图 2.2，在减排政策干预下，温室气体排放量从 $Q^0$ 下降到 $Q'$；排放量的减少导致消费者支付的均衡价格提高，从 $P^0$ 上涨到 $P^g$；此时，企业的收益从 $P^0$ 降低到 $P^n$。

（3）环境效益。包括环境效率（environmental effectiveness）、协同效益（co-benefits）和碳泄漏（carbon leakage）三个方面。如果气候政策实现既定的目标可以带来正面的环境产出（温室气体排放量从 $Q^0$ 下降到 $Q'$），那么这一政策的环境效率较高。但是现实中，诸如政策的设计、执行、参与程度等因素都会对其环境效率产生影响。此外，气候政策也可能影响其他目标如能源安全等，进而产生协同效益。对于那些希望减少对进口化石燃料依赖的国家，气候政策可以提高能源效率和国内可再生能源供应，同时减少温室气体排放。受异质性影响，各国的气候政策非双边性特征突出，导致其减排力度、规制水平不同，从而产生碳泄漏问题。碳泄漏的产生使得实际碳减排量减少，影响气候政策的环境效益。

（4）政策可行性。包括行政负担、政治可行性。气候政策执行中的行政成本取决于政策的实施、监管和执行，其大小反映了体制设计、人力和财政成本等。在评估气候政策时，执行主体的行政负担常常被忽视。此外，气候政策的效果取决于其能否被接纳和实施，政府执行政策的能力可能受到利益集团的阻碍。事先，这些标准可用于评估和改进政策；事后，它们可用于验证结果、撤销无效策略和纠正策略性能。

## ◉ 2.3 气候治理政策评估文献计量

本部分以气候治理政策评估为主题，采用文献计量方法进行国际学界的主要研究工作，厘清本研究领域的发展脉络和最新研究热点；进一步地，对相关研究工作进行整理归纳、对标杆文献进行重点述评，为确立本书研究范畴提供理论基础。在文献综述基础上，找到现有研究存在的不足，有针对性地提出本书拟开展的相关研究内容。

### 2.3.1 发文统计

本节基于 Web of Science（WoS）平台科学引文索引扩展版和社会科学引文索引网络数据库，以“气候治理”和“政策评估”为关键词，检索了1981—2019 年期间发表的英文论文，检索时间为 2019 年 12 月 6 日。在统计分析中国科研产出时，仅统计了中国大陆，中国香港、澳门和台湾地区未纳入统计。英格兰、苏格兰、北爱尔兰和威尔士合并为英国。文献统计工作基于 WoS 平台和 Bibexcel 软件完成。通过统计结果，描述本研究领域论文发表情况及其时空分布特征。从国家、机构、期刊等层面，介绍主要研究力量来源。

通过系统除燥，仅保留 WoS 平台中能源、资源、气候政策、经济和生态环境相关研究领域的文献；进一步地，通过摘要和主要内容的背靠背审查，共得到1669篇相关出版文献。最早的一篇论文出现在1992年，即《公约》签署之时。此后，关于气候变化公平性、责任分担方案等话题的讨论逐渐增多，各年份陆续有相关文献出版。2008 年《京都议定书》第一个履约期结束之后，关于《议定书》政策效果的事后评估开始出现。2008 年之后，全球发文量年均增长率超过 20%，表明气候治理政策评估的研究已经成为国际学界关注的热点科学问题。2015 年《巴黎协定》签署之后，围绕全球减排机制设计、《巴黎协定》2℃和 1.5℃温控目标如何实现等热点话题的研究迎来高速增长时期。从第一作者所属国家来看，美国起步最早、实力最强，本领域第一篇研究就来自美国；欧盟、澳大利亚等发达国家居美国之后。2006 年英国政府发布《斯特恩报告》、2008 年出台《英国气候变化法案》，引起了各界对气候变化问题的广泛关注，这促使其更加关注对气候治理政策评估的研究，英国在此领域的学术产出迅速增加。在发文量排名前十的国家中，中国是唯一的发展中国家，可见关于本领域的研究，发达国家明显强于发展中国家。美国的科研产出量始终保持绝对领先（占全球总文献数的 37%）。2007 年联合国气候变化大会在巴厘岛召开，澳大利亚加入《京都议定书》，这使美国成为唯一一个没有签署协议的发达国家，成为各方关注的“焦点”。在此之后，美国学者关于气候政策评估的文献数量增长迅速；中国发文总量紧随美国之后（占总数的 14%）。2009 年哥本哈根大会前夕，中国提出 2020 年实现碳强度比 2005 年下降 40% ～ 45% 的目标；哥本哈根大会之后，中国在气候谈判中的重要地位日益凸显。虽然起步较晚，但是在 2009 年之后文献数量迅速增加。说明近年来，评估中国气候治理政策、设计相关行动方案吸引了学界越来越多的关注，具备较高的研究价值。

## 2.3.2 主要研究机构及载文期刊

气候治理政策评估的主要研究机构（发文数量排名前 10）如表 2.1 所示。可以看到，绝大部分机构来自发达国家（80%），发达国家中又以美国数量最多（6 个）。发文量排名前两位的机构均来自中国，其中排名第一位的为中国科学院，研究视角集中在大气科学和环境科学；排名第二位的为北京师范大学，研究内容主要为微观领域的气候政策效果评估。统计结果显示，中国在本领域的研究实力远超其他发展中国家。

表 2.1　气候治理政策评估的主要研究机构

| 序号 | 机构名称 | 中文名称 | 所属国家 | 文献数量 | 占全球比重 /% |
|---|---|---|---|---|---|
| 1 | Chinese Acad. Sci | 中国科学院 | 中国 | 95 | 5.69 |
| 2 | Bejjing Normal Univ. | 北京师范大学 | 中国 | 42 | 2.52 |
| 3 | MIT | 麻省理工学院 | 美国 | 35 | 2.10 |
| 4 | Harvard Univ. | 哈佛大学 | 美国 | 34 | 2.04 |
| 5 | Univ. Colorado | 科罗拉多州立大学 | 美国 | 33 | 1.98 |
| 6 | Univ. Oxford | 牛津大学 | 英国 | 32 | 1.92 |
| 7 | Standford Univ. | 斯坦福大学 | 美国 | 32 | 1.92 |
| 8 | Univ. British Columbia | 不列颠哥伦比亚大学 | 加拿大 | 30 | 1.80 |
| 9 | NOAA | 美国国家海洋大气局 | 美国 | 30 | 1.80 |
| 10 | Univ. Wisconisn | 威斯康星大学 | 美国 | 28 | 1.68 |

表 2.2 整理了气候治理政策评估领域主要载文期刊（发文数量排名前 10）的相关信息。可以发现，这些期刊都分布在科研产出实力较强的发达国家，其中英国最多（50%），其次是荷兰（30%）。从发文期刊学术影响力来看，其 2018 年影响因子范围在 2.3 ～ 10.4 之间，表明此类研究具备较高学术价值。这些高产期刊大多聚焦能源、气候变化、经济和政策的交叉领域，也有气候变化领域的专业期刊（如 *Climatic Change*）。其中，*Energy Policy* 是出版该领域文献最多的期刊（占全球总文献数的 3.95%）；其次是 *Journal of Cleaner Production*（占全球文献综述的 3.65%）。

表 2.2　气候治理政策评估领域的主要载文期刊

| 序号 | 期　　刊 | 出版国家 | 影响因子 | 文献数量 | 占全球比重 /% |
|---|---|---|---|---|---|
| 1 | *Energy Policy* | 英国 | 5.45 | 66 | 3.95 |
| 2 | *Journal of Cleaner Production* | 美国 | 7.32 | 61 | 3.65 |
| 3 | *Sustainability* | 瑞士 | 2.592 | 50 | 3.00 |
| 4 | *Climatic Change* | 荷兰 | 4.168 | 49 | 2.94 |
| 5 | *Environmental Science & Policy* | 英国 | 5.58 | 43 | 2.58 |
| 6 | *Science of the Total Environment* | 荷兰 | 5.92 | 40 | 2.40 |
| 7 | *Global Environmental Change-Human and Policy Dimensions* | 英国 | 10.427 | 32 | 1.92 |
| 8 | *Environmental Research Letters* | 英国 | 3.05 | 25 | 1.50 |
| 9 | *Mitgation and Adaptation Strategies for Global Change* | 荷兰 | 2.651 | 23 | 1.38 |
| 10 | *Journal of Environmental Management* | 英国 | 5.32 | 22 | 1.32 |

注：期刊影响因子为 2018 年度影响因子。

### 2.3.3　研究热点

本节基于文本分析方法，对气候治理政策评估领域最为关键的主题进行识别。通过关键词的共现分析和聚类分析，发现现有研究聚焦于气候协定有效性评价、国家之间减排责任分担、区域及行业碳交易机制设计、碳配额分配对企业的影响等话题；就方法论而言，气候变化综合评估模型、博弈论、投入产出分析、多目标优化和全生命周期分析等运用较为普遍。进一步地，可以发现未来本领域的研究趋势。气候治理政策评估研究领域关键词共现分析见图 2.3。

（1）在研究领域方面：气候变化政策评估与自然科学领域交叉融合趋势明显。主要表现在社会经济系统与地球系统模式、与土地利用系统耦合的研究越来越多。

（2）在模型分辨率方面：为提高政策评估模型精度而开展的研究逐渐

增多。与此相关的技术，如碳卫星、遥感技术、地理信息技术及大数据等关键词与气候政策共现的频率增加。

（3）在微观主体方面：关于公众参与、居民行为及气候政策与健康的协同效应等相关研究是未来的发展趋势。

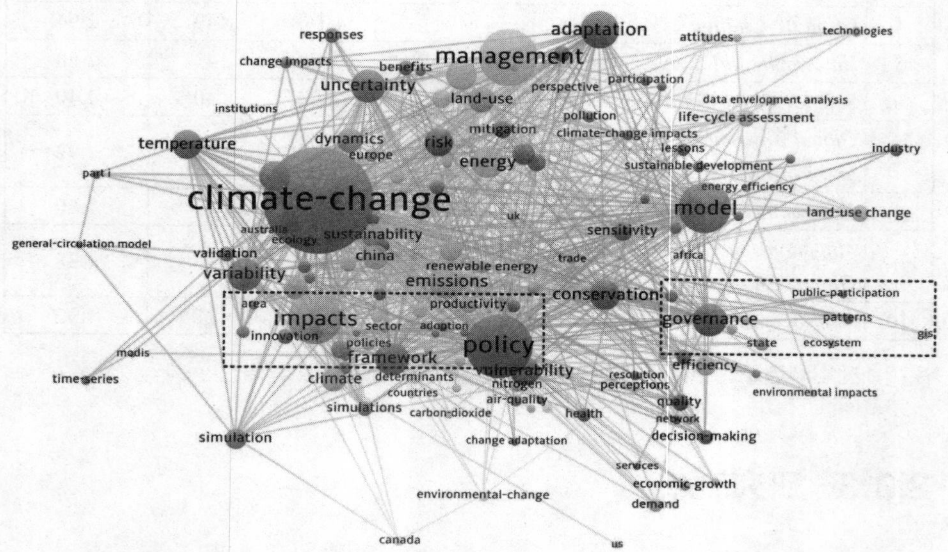


图 2.3 气候治理政策评估研究领域关键词共现分析

# ◉ 2.4 气候治理政策评估的研究现状

## 2.4.1 气候治理政策评估的主要方法

### 1. 政策评估的定量研究方法

1951 年，哈罗德·拉斯韦尔（Harold Lasswell）首次定义了“政策科学”[19]，此后政策研究的范畴扩展至制定、实施、评估和改进的各个环节。

政策评估可分为对政策或项目的“结果”评估和“过程”评估两方面；可以侧重于对政策预期效果的评估（“事前”评估），或对其实施之后效果的评估（“事后”评估）。广义的“政策评估”包括政策的事前评估、执行评估及事后评估。狭义的“政策评估”仅包括事后评估[20]。事后评估依赖历史数据，多基于统计学方法；事前评估依赖多个模块交互和多个参数预估，主要基于综合评估的方法，可以模拟各主体在约束条件下的最优行为决策，以及政策对不同部门的影响路径。表 2.3 总结了现有研究常采用的政策定量分析方法。

### 2. 基于差异对照分析的政策评估方法

对政策进行事前评估其本质是要找到参照组，进而探究在给定其他条件相同的情况下，实施政策后的表现与假定没有实施政策后的表现差异。新经济史学派创始人之一罗伯特 • W. 福格尔（Robert W. Fogel）在其代表作《*Railroads and American Economic Growth: Essays in Econometric History*》中，运用“反事实”论证的新理论和成本效益分析工具，将 1890 年的美国经济与“假想”的没有铁路的 1890 年的美国经济进行了对比，对以往经济学家和历史学家几乎一致公认的论断——大规模铁路投资是 19 世纪美国经济快速增长最重要的因素之一提出了质疑。模拟结果表明，大规模的铁路投资对美国此后的经济增长影响很小[21]。福格尔据此获得了 1993 年的诺贝尔经济学奖。此后，“反事实”的思路逐渐在经济研究中推广应用。在“反事实”框架下构建的一系列微观政策评估可被统称为“差异对照分析”（方法内涵如表 2.3 所示）。目前，国内外学界评估政策有效性的方法有很多，其中最常用的方法是比较政策实施前后的差异。表 2.4 归纳了现阶段差异对照分析的主流模型方法。

表 2.3 现阶段政策评估常用的定量分析方法

| 序号 | 方法 | 主要分析步骤 | 前提条件 | 局限性 |
| --- | --- | --- | --- | --- |
| 1 | 统计分析与统计模型 | 借助数据处理，推断变量之间的统计关系，在此基础上进行因果关系分析 | 数据需要满足初始假设 | 关键假设的改变可能会导致结果的脆弱性，实证研究结果的稳健性较差 |
| 2 | 经济计量模型分析 | 将经济政策的目标变量作为被解释变量，将政策变量作为解释变量，可以评价各种不同的政策对目标变量的影响。通过设定模型中的参数，经济计量模型既可用于事前分析，又可用于事后评价 | — | 面临“卢卡斯批判”的困境：经济中的当事人都采用理性预期，会随着经济环境的变化而不断调整他们的预期和行为，因此大规模的宏观经济计量模型的参数不可能保持不变；不考虑理性预期对模型参数的影响，宏观计量模型的结果就没有任何意义，也无法用于比较不同政策的效果 |
| 3 | 动态随机一般均衡模型 | 从单个经济主体的行为决策出发，通过适当的加总技术得到经济的总量行为方程，利用动态优化方法得出各个经济主体在约束条件下的最优行为决策，可以预估政策变化带来的各种直接和间接影响 | 必须以经济的典型化事实作为模型建立的指南 | 模型涉及大量参数，这些参数的获得必须基于特定的研究对象，参数的获取较为复杂 |
| 4 | 最优化模型 | 包含经济与气候系统的反馈过程，按照目标函数可以分为福利最大化模型和成本最小化模型；可以用来预估全球或区域的最优排放路径 | 福利最大化模型的关键问题是社会福利的选择；成本最小化模型的关键是寻找成本一效率最高的模型 | 模型不确定性范围广，面临经济系统、气候系统以及决策者多方面的不确定性；计算量大、求解时间长，并且难以给出国家层面的最优路径 |
| 5 | 投入产出模型 | 把各种与政策有关的变量作为已知变量，利用投入产出模型可以模拟出政策可能带来的结果，可以详细描述政策影响不同部门的路径 | — | 该模型倾向于静态一期模型，对未来政策可能效应无法做出分析；同时，当技术发展等相对于价格发生变化时，生产相关系数也会发生变化，同样面临“卢卡斯批判”的困境 |
| 6 | 差异对照分析 | 对照政策实施后目标群体的指定变量和同一时期内政策未实施时目标群体的指定变量，二者之差就是政策效果 | 必须运用恰当的方法模拟出研究区间内，假定个体或群体未受到政策干预时的结果表现，也就是“反事实” | 参照组的不恰当选择会造成匹配上的误差和结果的偏误 |

表 2.4　现阶段差异对照的主要分析方法

| 序号 | 方　法 | 适用数据类型 | 合成控制组 | 对不可观测因素的假定及处理 | 控制单位权重 | 异质性处置效应下的参数识别 |
|---|---|---|---|---|---|---|
| 1 | 工具变量法（IV） | 截面数据<br>纵向数据<br>重复截面数据 | — | 不存在未被观测到的混杂因素，个体的参与决策都基于可观测变量 | — | 仅当个体对政策反应的异质性不影响参与决策时，Ⅳ才能识别 ATT 和 ATE，否则无法识别 |
| 2 | 双重差分法（DID） | 纵向数据<br>重复截面数据 | 主观选择 | 允许有未被观测到的混杂因素存在，且对个体的参与决策产生影响 | 均为 1 | 可以识别 ATT，无法识别 ATE |
| 3 | 倾向匹配法（PSM） | 截面数据<br>纵向数据 | 主观选择 | 不存在未被观测到的混杂因素，个体的参与决策都基于可观测变量 | 均为 1 | 仅在共同支撑域上可以识别 ATT，无法识别 ATE |
| 4 | 合成控制法（SCM） | 纵向数据<br>重复截面数据 | 数据驱动 | 允许有未被观测到的混杂因素存在，且对个体的参与决策产生影响 | 根据数据确定 | 可以识别 ATT，无法识别 ATE |

注：ATE（average treatment effect），表示平均处置效应；ATT（average treatment effect on the ereated）表示实验组的平均处置效应。由于存在着“反事实”，估计单个个体的处置是不可能的。

传统的比较政策实施前后差异的方法，数据通常会受到许多混杂因子及时间效应的影响，如各时期出台的其他与之相关的政府环境政策等。双重差分法（DID）解决了受事件效应影响的局限性。DID 将未实施气候政策的控制组在政策实施前后的差异视为纯粹的时间效应

$$\overline{Em}_{\text{control},1} - \overline{Em}_{\text{control},0}$$

这里的下标“0”表示政策实施前，“1”表示政策实施后。将两个差分综合起来，用实验组在政策实施前后的差异减去控制组在政策实施前后的差异，解决差分法受时间效应影响的问题，得到对于处理效应更为可靠的估计

$$\left(\overline{Em}_{\text{treatment},1} - \overline{Em}_{\text{treatment},0}\right) - \left(\overline{Em}_{\text{control},1} - \overline{Em}_{\text{control},0}\right)$$

DID 反事实成立的基本前提是假设存在“平行趋势”，即实验组如果没有受到气候政策干预，在政策实施前后应当遵循相同的时间效应或趋势。“平行趋势”无法通过数据检验，很多面板数据都不遵循“平行趋势”。倾向匹配法（PSM）利用倾向分数对控制组国家进行匹配，减少了实验组和控制组之间未观测到的差异，可以找到与实验组更为相似的控制组。但是 PSM 方法并不能完全保证平行趋势假设的成立，在评估结果的有效性和可解释性方面存在局限性。从实证应用角度看，DID 比较适合外生事件分析，PSM 对数据要求没有 DID 严格，更适合内生事件的分析。

阿巴迪（Abadie）和加达扎巴尔（Gardeazabal）[22] 以分析巴斯克地区武装和政治冲突的经济影响为例，提出了合成控制法（Synthetic Control Method，简称 SCM）。相较于 DID 等传统的政策评估方法，SCM 不需要“平行趋势”的假设。SCM 通过选取政策实施地以外的区域来确定合成对象线性组合权重，基于预测变量合成与实验组特征高度相似的反事实控制组，保证实验设计和判断客观性，提高了模拟过程的透明度，有效克服潜在政策内生性影响，并且不存在大样本、样本可观测和整体性分析的应用局限。通过比较事实值 $Em_{it}$ 和“合成控制组”反事实值 $Em_{it}^{N}$，得到气候政策的效果 $\hat{\sigma}_{it}$（$\hat{\sigma}_{it}= Em_{it} - Em_{it}^{N}$）。阿巴迪和加达扎巴尔提出可以基于参数回归因子模型估计反事实路径 $Em_{it}^{N}$。

$$Em_{it}^{N} = \beta_t + \theta_t Z_i + \lambda_i \mu_i + \varepsilon_{it}。$$

式中，$\beta_t$ 表示时间固定效应；$\theta_t$ 是未知参数；$Z_i$ 为可观测的向量，既不受气候协定的影响，也不随时间变化；$\lambda_i$ 是难以观测的公共因子变量，$\mu_i$ 表示个体固定效应，$\lambda_i\mu_i$ 为互动固定效应；$\varepsilon_{it}$ 为随机干扰项。与双重差分法不同，SCM 权重需满足 $w_J \geqslant 0$ 且 $w_2 + w_3 + \cdots + a_J + a_{J+1} = 1$。通过数据驱动，得到合成控制组线性组合最优权重 $W^*$，使得控制组和实验组的基本特征在政策开始之前尽可能高度匹配。

### 3. 基于综合评估模型的气候政策评估方法

综合评估模型起源于 20 世纪 60 年代对全球环境问题的研究。解决全球环境问题，必须综合从自然科学到人文社会科学等广泛学科的见解，系统地阐明问题的基本结构和解决方法。为此引入了“综合评估”的政策评价过程，并开发了作为核心工具的跨多学科的大规模仿真模型，综合评估模型应运而生[23]。自 20 世纪 70 年代诺贝尔经济科学奖获得者威廉 · D. 诺德豪斯发表气候经济建模领域第一篇论文——《我们能否控制碳排放》以来，综合评估模型（Integrated Assessment Model，IAM）数量逐渐增多，架构逐步完善，被广泛应用于政府政策制定及 IPCC 系列评估报告中，已成为现阶段评估气候治理政策最主流的分析工具。IAM 耦合了自然系统和社会经济系统，能够有效分析气候变化的一系列经济和气候方面的不确定性，为国家应对气候变化提供科学支持。

气候变化综合评估模型最常用的方法是最优化模型、可计算一般均衡模型及模拟模型。按其区域划分可分为全球模型和区域化模型。全球模型是指把全球当作一个整体的模型，区域化模型指将全球分为若干区域的模型[24]。《巴黎协定》的签署，引发了一批新的缔约国，特别是发展中国家开展气候协定评估研究。目前取得突出进展的有来自中国的 $C^3$IAM 模型、巴西的 CAESAR 模型以及印度的 GCAM-IIA 模型等。

## 2.4.2 评估国际气候协定的研究现状

全球气候治理机制建立以来，国际学界对气候协定存在的必要性及其减排效果始终存有争议。部分学者肯定了气候协定的作用[25-26]；另一些学者则认为气候协定在减缓温室气体排放方面的作用非常有限[27-29]。2005 年《京都议定书》正式生效以来，学界围绕其是否有效展开了一系列研究。

《议定书》执行初期，由于时间短、数据有限，难以对其有效性进行量化评估，绝大部分研究从理论层面展开讨论。随着批准国家的增多和政策实施时间的增加，学者们开始通过统计学方法评估其是否有效。比如 Mazzanti 和 Musolesi[30] 采用面板数据，讨论了《议定书》对伞形集团、北欧和南欧 3 个区域的影响，结果表明《议定书》推动了碳排放与经济发展之间的解耦；Iwata 和 Okada[31] 使用 1990—2005 年 119 个国家的面板数据讨论了《议定书》对主要温室气体排放的影响。研究结果表明《议定书》生效之后，附件 B 列出的国家和地区 $CO_2$ 排放量减少了 11%，同时发现《议定书》对不同温室气体排放的减排效果不同。以上基于计量回归的研究存在内生性问题，影响了评估结果的可靠性。在意识到传统实证研究不足后，近年来，越来越多的学者采用政策评价的方式，对比加入《议定书》和未加入《议定书》国家的温室气体排放量或碳排放量，以两者的差异评估政策效果。Aichele 和 Felbermayr[32] 使用 1997—2007 年的面板数据讨论了《议定书》的减排效果，并引入工具变量解决内生解释变量和遗漏解释变量的问题。研究结果显示附件 B 列出的国家和地区平均碳排放量比非附件 B 列出的国家和地区的碳排放量减少 8%。在具体实践中，研究者通常使用因变量的滞后变量作为工具变量，这种处理方式同样会引发内生性问题，无法从根本上填补前人研究的缺陷。为克服上述不足，部分学者开始将“反事实”框架下的微观政策评价的方法应用到宏观气候政策协定有效性评估中。Grunewald 和 Martinez-Zarzoso[33] 基于 170 个国家 1992—2009 年的面板数据，使用双重差分法评估《议定书》的有效性，解决了政策变量内生性的问题。但是，双重差分法对未实施政策国家的选择存在偏误，容易高估政策带来的影响。Almer 和 Winkler[34] 采用合成控制法对附件 B 列出的 15 个国家温室气体减排效果进行评估，依靠数据驱动选择参照对象，避免了主观因素的影响；另外，Maamoun[35] 引入广义合成控制法（GSC），解决了控制变量较少产生的政策影响不显著的问题。

气候治理的目标之一是通过最经济有效的方式实现温室气体排放量的减少。部分学者采用经济分析工具，从价值评估角度出发，讨论气候协定的经济效益。1997 年《议定书》通过后，此类研究密集出现。Ellerman[36]、Babiker[37-38] 和 Bernstein[39-40] 等采用边际减排成本曲线（MAC）实证研究了《议定书》是否经济有效。结果表明，《议定书》引入的碳定价机制（ETS）能够有效降低减排成本。但是，“自上而下”的气候协定影响发展中国家经济发展，因此此类气候协定在保证区域公平性方面有所欠缺。Elzen 等[41] 采用决策模型 FAIR 评估气候协定的减排成本。结果表明，2001 年美国退出《议定书》之后，全球碳价跌至 9 美元 / 吨；假如美国重回《议定书》，碳价将回升至 30 美元 / 吨。Huang 等[42] 采用环境库兹涅茨曲线（EKC）研究了《议定书》的环境效益和经济效益，结果显示 38 个附件 B 国家无法达到给定的量化减排目标，需要全球合作减排才能弥合排放差距。Villoria 等[43] 采用线性回归模型对碳定价机制的政策效果进行评估，结果表明，ETS 带来了 23.43% 的额外减排量；如果全球要实现最大程度的减排，碳价应为 90.22 美元 / 吨。近年来，部分研究开始关注实现全球温控目标的经济效益。比如，Vrontisi 等[44] 采用综合评估模型对实现温控目标的社会经济的影响进行评估，结果表明，实现 2℃和 1.5℃目标会导致国内生产总值（GDP）增长率的下降（2020—2030 年间），年均下降率分别为 0.3% 和 0.5%；Burke 等[45] 将历史数据与各国气候及社会经济预测值耦合，评估未来不同气候变暖程度可能产生的经济损失，指出实现 1.5℃目标有望带来超过 20 万亿美元的经济效益。

综合来看，以上关于评价气候治理机制的研究工作可归纳为“基于事实的评估”和“基于价值的评估”两类。前者评价了已有协定的减排效果，后者预测了可能产生的经济收益（表 2.5）。虽然目前学术界对以《议定书》为代表的“自上而下”气候治理机制有效性研究已经取得了一定的进展，但是理论、方法及研究结论方面存在较大分歧。近期部分研究引入的政策评价方法在一定程度上弥补了传统计量方法的不足，但是内生性偏差与样本选择偏误问题容易降低实证结果的可靠性。

表 2.5 气候协定有效性研究的代表文献及建模方法

| 基于事实的评估 | | | | 基于价值的评估 | | | |
|---|---|---|---|---|---|---|---|
| 视角：评价已有的减排效果 | | | | 视角：预测可能的经济收益 | | | |
| 研究对象 | 建模方法 | 结论 | 文献 | 研究对象 | 建模方法 | 结论 | 文献 |
| 《议定书》 | 面板数据回归 | ↑ | [26] | 《议定书》 | MAC | ↑ | [32-36] |
| 《议定书》 | 面板数据回归 | ↑ | [27] | 《议定书》 | FAIR | ↑ | [37] |
| 《议定书》 | 一阶差分模型 | ↑ | [28] | 《议定书》 | EKC | ↓ | [38] |
| 《议定书》 | 双重差分模型 | ↑ | [29] | 《议定书》 | 线性回归 | ↑ | [39] |
| 《议定书》 | 合成控制法 | → | [30] | 温控目标 | 综合评估模型 | ↓ | [40] |
| 《议定书》 | 广义合成控制法 | → | [31] | 温控目标 | 计量模型 | ↑ | [41] |

注：↑表示政策有效；↓表示政策效果不足；→表示政策效果不显著。

### 2.4.3 评估国家自主减排贡献的研究现状

与原有强制量化减排责任的《京都议定书》相比，《巴黎协定》在一定程度上弱化了减排力度。由于没有建立各方自主减排贡献与全球长期温控目标之间的联系，多数研究表明，现有减排力度不足以实现在本世纪末将全球温升控制在2℃以内的目标。面对全球气候治理的紧迫性和复杂性，提高缔约方减排力度是《巴黎协定》通过之后面临的首要任务。在做出进一步减排承诺时，各方需要思考及回答“我们在哪儿？”（现状）“我们要去哪儿？”（目标）及“我们如何去？”（路径）等问题，分别对应“减排目标排放量核算”“减排目标距离温控目标的排放差距”及“如何改进现有减排方案”三个环节。

① 关于自主减排贡献核算的研究

评价和改进的首要前提是对现有减排承诺进行科学核算。但是，由于NDC 的编制结构并无统一标准，提交的方案各有侧重，直接成为定量分析 NDC 目标的重要阻碍。Rogelj 等[46]进一步指出核算 NDC 目标排放量受三方面不确定性的影响，分别是社会经济发展的不确定性、NDC 目标设置的不确定性及可再生能源核算的不确定性。此项研究构造了 144 个情景组合，核算了全球 11 个主要区域 2030 年 NDC 排放量。结果表明，全球 NDC 目标排放总量在 7.1Gt ～ 11.3 $GtCO_2$-eq 之间波动，其中，可再生能源核算的不确定性对结果的干扰最大（0 ～ 6.2 $GtCO_2$-eq）；历史排放数据来源产生的不确定性影响最小（0.1Gt ～ 1.2 $GtCO_2$-eq）。图 2.4 根据各方 NDC 文本内容以及学界现有研究，归纳了影响 NDC 核算的不确定性因素。

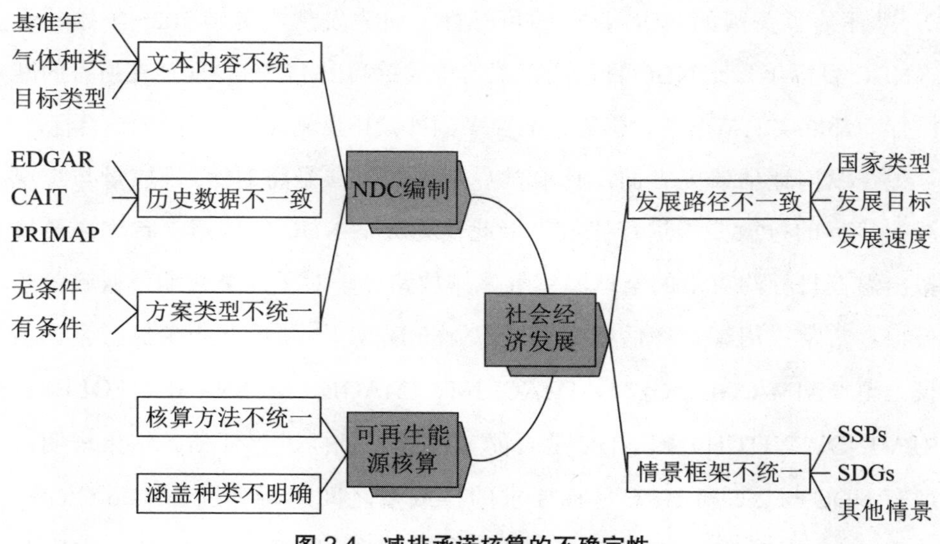


**图 2.4　减排承诺核算的不确定性**

② 关于自主减排贡献评价的研究

出于避免“搭便车效应”的考虑，国际气候治理协定需要对各国的减排努力通过一定的指标体系进行可比的量化评估。从研究维度来看，现有文献可以归纳为横向评价和纵向评价两类。前者指的是对比缔约方之间的减排目标设置力度；后者指的是对比缔约方减排目标设置与全球长期目标之间的差距。Aldy 等[47]指出缔约方之间的横向比较在一定程度上可以推动整体减排行动的进展。欧盟气候行动追踪项目（climate action tracker，CAT）[48] 从现有文献中获得各种排放空间分配方案的结果，据此对缔约方 NDC 承诺的充分性进行评估。CAT 将 NDC 划分为四个等级：不足（inadequate）、中等（medium）、充分（sufficient）和模范（role model）。评估结果表明，大部分国家 NDC 减排目标偏向“可能高于”或“高于”2℃的评价，即距离温控目标存在一定差距；Pan 等 [49] 采用六种公平性分配原则评估了八个国家和地区的 NDC 减排力度，结果表明在历史责任原则下，美国和欧盟力度不足；印度在六种原则下，减排力度都比较充足。还有部分研究将视角聚焦在单个国家 NDC 的评估上。比如，Greenblatt 等 [50] 评估了美国的 NDC 目标的可行性。研究发现，美国 2025 年排放量（NDC 目标年）比 NDC 目标约束下的排放量高出 12.5%，即使在所有的减排行动都落实的情况下，仍需采取更多额外减排措施才能实现 NDC 目标。

在纵向评估研究方面，目前学界常用的方法是将 NDC 排放量与实现温控目标的排放要求进行比较，以此作为评估 NDC 的依据。首先需要模拟出温控目标约束下的全球温室气体排放路径。对于此类长期气候政策的模拟，常常采用综合评估模型 [50-52]。Vrontisi 等 [44] 使用八个主流综合评估模型（AIM/CGE、GEM、IMACLIM、IMAGE、MESSAGE、POLES、REMIND、WITCH）对 NDC 是否能实现温控目标进行评估。结果表明，现有 NDC 与 2℃和 1.5℃目标要求的排放量之间差距分别为 15.6 $GtCO_2$-eq 和 24.6 $GtCO_2$-eq。Rogelj 等 [11] 的研究表明，尽管各方的 NDC 方案与不采取行动相比实现了一定程度的减排，但按照目前的力度，2100 年全球温升仍将超过 2℃，预计达到 2.6℃～3.1℃。Aldy 等 [47] 采用 DNE21+、WITCH、GCAM 和 MERGE 四个 IAM 模型评估了各国减排努力（减排成本、减排力度），发现减排承诺落在社会减排成本和 2℃目标下最优减排路径的低区间，说明目前各方的减排承诺不够积极。Wei 等 [53] 开发“中国气候变化综合评估模型（$C^3IAM$）”对全球 12 个区域 NDC 目标进行评估，结果表明目前缔约方 NDC 减排力度与温控目标的排放要求存在较大差距，要想实现 2℃目标，温室气体需要在 2030 年之后快速减少；印度、东欧独联体、亚洲、中东和非洲等国家和地区需要更加严格的自主减排贡献。少数研究使用 IAM 模型之外的评估方法。比如，Peters 等 [54] 采用因素分解法对排放驱动因素的发展趋势进行分解和预测，指出现有 NDC 与 2℃目标差距很大。虽然得出的结论与 IAM 模型模拟结果类似，但此类模型设置过于简化，无法反映气候变化的长期性和复杂性。

③ 关于自主减排贡献改进的研究

虽然“自下而上”的气候治理机制回避了各国减排责任的公平性分担，但是指导各方提高减排力度的分担方案是实现全球长期温控目标无法逃避的现实问题。尽管国际规则中没有采用甚至考虑任何形式的责任分配方案，但是已有的相关研究提出了缓解气候变化的全球或国家战略。国际学界改进现有减排贡献的思路是：在温室气体排放空间给定的情况下，根据不同的分配原则将全球排放总量在国家间进行分配，为各方增强减排行动提供决策参考（图 2.5）。

采用的分配原则主要有：基于能力的分配原则、基于人均排放公平的分配原则、基于发展的分配原则、基于历史排放的分配原则和基于成本最优的分配原则 [55]。比如 Pont 等 [56] 采用五种公平性分配原则将 IPCC 第五次评估报告模拟出的 2℃和 1.5℃温控目标约束下的排放空间分配给 10 个国家和区域，以分配结果为标准对八个主要国家的 NDC 目标力度进行评估。这种责任分摊的方法可以在一定程度上为区域层面的改进提供参考，但现有多数责任分担的方式不具有经济效率或只能实现全球减排的经济效率，而在区域和国家层面无法实现成本收益最优 [57-59]。也就是说，此类方案仅停留在理论层面，在现实世界中无法说服各方牺牲自身利益接受改进方案。还有一些研究仅根据一个或多个指标将排放空间在国家间进行分配，研究结果的公平性难以保证 [60]。此外，部分研究跳脱出现有气候治理机制，提出了新的减排方案 [61-67]。由于全球合作减排涉及多方减排成本的分摊和减排收益的分配，各国对减排责任和义务存在较大分歧。新设计的气候行动方案，虽然量化了减排责任，但是没有给出充分的减排动机，无法激发各国内在的减排意愿，是否可行存在较大争议。

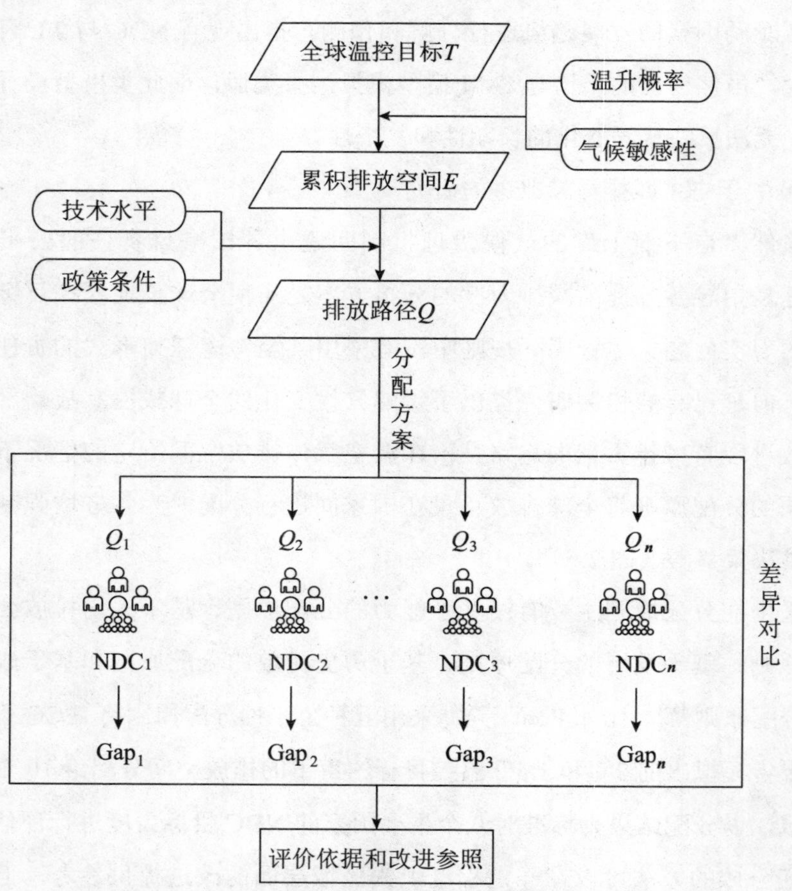


**图 2.5　评估和改进“自下而上”气候协定的思路**

注：$Q_n$ 表示温控目标下各国的排放空间；$\mathrm{NDC}_n$ 表示各国 NDC 目标下的排放量；$\mathrm{Gap}_n$ 表示二者之间的排放差距

Bodansky 等 [68] 指出当一个国家看到别的国家迈出一步时，该国政府极有可能迈出更有意义的一步。因此开展国家自主减排贡献横向比较、纵向评估具有重要的现实意义。

### 2.4.4　评估碳排放权交易机制的研究现状

国际社会已就本世纪末全球温升目标控制在 2℃之内达成政治共识，但是采取何种减排措施实现温控目标始终存在争议。温室气体减排措施主要包括三种：行政管制、经济手段和自愿行动。其中，经济手段通常被称为“碳定价”，包括数量机制和价格机制，分别对应碳排放权交易制度和碳税制度。《议定书》引入碳定价，鼓励缔约方采用市场机制降低减排成本，推动了国际碳交易机制的发展。碳交易本质上是一种由政府主导、依托市场运行的制度安排。首先，政府基于政策目标和市场需求设定碳交易总量，然后通过一定的分配原则把配额总量发放给各主体。履约主体的排放量如果超过碳配额总量，则需要从政府或碳交易市场处购买，否则将会受到相应惩罚。

碳排放配额分配是碳交易制度设计中与履约主体关系最密切的环节。碳配额分配实质上是碳排放权利的分配，其分配方式决定了交易单位参与碳交易的成本。配额的数量、配额核算的科学性和透明度直接影响履约主体的积极性和主动性，也决定了碳市场能否活跃发展。如何确定和分配碳配额是当前研究的热点之一，学界围绕碳配额问题展开广泛研究，从不同分配原则出发设计了多种分配机制（表 2.6）。

表 2.6　碳配额分配方案设计

| 文　献 | 分 配 原 则 | 主要内容和关键结论 |
|---|---|---|
| [69] | 净人均减排费用均等化 | 人口规模分配原则有利于长期公平 |
| [70] | 人口规模 | 人口规模分配原则相较于其他原则可行性更强 |
| [71] | 配额拍卖 | 拍卖配额优于世袭制配额 |
| [72] | 构造 RCI 指标 | 构造综合指数在国家之间进行配额分配 |
| [73] | 玻尔兹曼分布 | 提供了国别层面有效可行的配额分配方案 |
| [74] | 人均累计碳排放量 | 同时考虑了发达国家、发展中国家的历史责任和未来的排放需求 |
| [75] | Shapley 值 | 根据各主体对目标的贡献程度进行初始配额分配 |

续表

| 文　献 | 分配原则 | 主要内容和关键结论 |
|---|---|---|
| [76] | 公平和效率 | 分别从关注公平、关注效率、兼具公平和效率三方面提出了中国省际碳配额分配方法 |
| [77] | 优化模型 | 采用改进的零和收益数据包络分析优化模型提出2020年中国省际碳配额分配方案 |

Hahn[78] 和 Keohane[79] 认为初始分配中的免费配额在政治上具有可行性和优越性；Lopomo 等 [80] 建立了碳配额拍卖体系以减少碳交易对经济发展的影响；陈文颖等 [81] 综合考虑公平、效率、全球收益三个因素，提出基于人均碳排放与 GDP 碳排放强度加权平均的混合分配机制；Yi 等 [82] 根据公平性原则，构建综合指数，建立中国省际碳配额分配模型；Wang 等 [83] 学者采用改进的零和收益数据包络分析优化模型提出 2020 年中国省际排放配额分配方案；Wei 等 [84] 基于公平性原则对全球碳配额分配进行模拟，提出了一个系统和定量的方法来实现“共同但有区别”的责任；Han 等 [85] 采用组合赋权法，以京津冀地区为例，模拟跨区域碳市场配额分配；Jotzo 和 Lösche[86] 及 Zhang[87] 在对中国“两省五市”碳交易试点的运行状况和市场表现进行分析之后指出，建立全国碳交易市场最大的挑战在于碳减排目标指导下的配额分配。

关于碳交易机制的研究大多以“碳交易市场是有效的”为前提。现有研究对于碳交易机制有效性的界定分为两种：一种认为如果碳市场能够产生可以准确反映温室气体边际减排成本的碳价，那么该机制可被视为有效。在有效的碳市场中，配额的均衡价格与边际减排成本相等，交易双方可以根据碳价变化的信号决定交易活动。另一种观点从结果出发，认为如果碳市场能够带来温室气体排放量的减少，那么该机制可被视为有效。第一类研究大多以欧盟碳交易市场（EU ETS）为研究对象，采用非线性动力学理论 [88]、随机均衡模型 [76] 等对市场有效性进行评估。第二类研究主要从差异对照视角出发，将碳市场视为准自然实验，采用双重差分、合成控制法等对碳交易机制的减排效果进行实证研究[89,90]。

从微观层面看，碳市场参与主体总是期望在付出最少的减排成本的同时获得最多的交易收益。碳交易过程涉及多个主体之间的相互博弈，交易机制的设计、各参与方自身的减排能力等都将影响减排效益的分配结果[91-94]。现有研究主要从企业利润最大化和企业决策分析等视角出发，建立与碳交易相关的最优化决策模型。Stern[95] 提出相比其他减排措施，碳交易能够激发企业内在减排意愿；Subramanian 等[96] 构建了企业在投资减排、拍卖排放权、实施生产三阶段的博弈模型并得出最优策略。综合现有研究，可以看到基于博弈论的决策模型对企业决策因子的选择过于简化。比如，仅用减排边际曲线描述企业的碳减排行为，这种模型设置方式产生的结果容易偏离实际。部分研究在得出微观层面结论或者构建最优化决策模型后，没有进一步推导至宏观市场层面，缺乏基于微观量化结果的顶层机制设计。

### 2.4.5　评估多尺度减排方案的研究现状

地理学第一定律提出者 Tobler[97] 指出需重视气候变化等全球尺度的空间现象，倡导发展“全球空间分析”这一研究方向。全球空间分析与地理信息系统（ArcGIS）相伴发展，已成为气候变化经济学研究工作不可或缺的部分[98]。当前越来越多的主流经济学家开始关注与使用空间分析工具开展与地理空间有关的经济学研究。例如，Nordhaus[99] 使用空间分析可视化与统计方法揭示了气温与经济两个变量的地理差异性，以及两个变量的相关性，开拓了全球精细空间气温与经济产出关系的实证研究。近年来，如何进行多源数据之间尺度的转换和数据的融合受到了国际学界的广泛关注。通过文献计量发现，关于多源数据尺度转换问题的研究工作大多与气候变化综合评估模型相关，尤其集中在国际主流综合评估模型团队。围绕地球系统模式（earth system）与社会经济系统（socio economic system）的嵌套研究，这些 IAM 模型团队开发、拓展和深化了数据尺度转换的研究工作，相关研究结果直接服务于 IPCC 历次评估报告。

表 2.7 梳理了参加 IPCC 第五次评估报告的四个主要 IAM 模型团队使用的数据转换方法。排放数据和土地利用数据的降尺度均涉及一致性处理和网格化算法。由于各模型团队对土地利用类型的定义和描述不同，为了报告的一致性，IPCC 规定土地利用类型包括农田、牧场、初级土地和二次（恢复）土地（木材采伐和转移种植），以及土地利用变化和过渡到城市土地的影响之间的转换。土地利用数据时间区间定位 1500—2100 年，历史数据为 1500—2005 年，预测数据是 2005—2100 年。

**表 2.7　国际主流 IAM 模型团队使用的数据转换方法**

| | | RCP 2.6 | RCP 4.5 | RCP 6.0 | RCP 8.5 |
|---|---|---|---|---|---|
| 模型名称 | 技术模型 | IMAGE | | | MESSAGE |
| | 均衡模型 | | GCAM | AIM | |
| 时间区间 | | 1850—2100 年 | | | |
| 尺度标准 | | 全球——区域——0.5°×0.5°网格（NetCDF，Format） | | | |
| 区域个数 | | 26 个 | 14 个 | 24 个 | 11 个 |
| 降尺度处理的思路 | 输入数据降尺度 | √ | | | √ |
| | 输出数据降尺度 | | √ | √ | |
| 温室气体排放数据来源及处理方式 | 历史数据 | 1850—2000 年：CHe / $SO_2$ / BCe / OCe / COe / NOx / VOC / $NH_3$ | | | |
| | 预测数据 | 2000—2100 年：CHe / $SO_2$ / BCe / OCe / COe / NOx / VOC / $NH_3$ | | | |
| | 一致性处理 | 乘法器进行线性收敛 | 改变历史校对数据 | 乘法器进行线性收敛 | 乘法器进行线性收敛 |
| | 降尺度处理 | 采用 Van Vuuren 等[100]提出的简单算法 | | 采用 Grübler 等[101]提出的较为复杂的算法 | |
| 土地利用数据来源及处理方式 | 历史数据 | 1500—2005 年：HYDE 3.0 农田、牧场和城镇 | | | |

续表

| | | RCP 2.6 | RCP 4.5 | RCP 6.0 | RCP 8.5 |
|---|---|---|---|---|---|
| 模型名称 | 技术模型 | IMAGE | | | MESSAGE |
| | 均衡模型 | | GCAM | AIM | |
| 土地利用数据来源及处理方式 | 预测数据 | 2005—2100 年：输入 HYDE 3.0 提供的农田、牧场数据（1500—2100 年）和木材采伐、轮垦数据（1500—2005 年）以及 IAM 模型团队预测的农田、牧场和木材采伐数据（2005—2100 年），采用全球土地利用模型（global land-use model，GLM）进行计算 | | | |
| | 尺度标准 | 0.5° ×0.5° | 14 个区域 | 0.5° ×0.5° | 0.5° ×0.5° |
| | 模型 | IMAGE/Land | Ag Land-Use | Land-Use Model | AEZ-WFS DIMA |
| | 一致性处理 | IAM 团队和 ESM 团队之间关于基准年 2005 年的数据进行协调，使差异性降低到 12% 以下 | | | |
| | 降尺度处理 | GLM 模型 [102] 输出网格数据 | | | |

注：RCP 表示 IPCC 第五次评估报告使用的辐射强迫路径。RCP 2.6 反映了全球平均温度上升限制在 2℃之内的情景，由荷兰环境评估署（PBL）开发的全球环境评估模式（IMAGE）模拟 [103,104]；RCP 4.5 是 2100 年辐射强迫稳定在 4.5 W/m$^2$ 的情景，由美国西北太平洋实验室（PNNL）开发的全球变化评估模式（GCAM）模拟 [105-107]；RCP 6.0 情景反映了生存期长的全球温室气体和生存期短的物质的排放，以及土地利用 / 陆面的变化，导致到 2100 年辐射强迫稳定在 6.0 W/m$^2$ 的情况，由日本国立环境研究所（NIES）开发的亚洲 – 太平洋综合模式（AIM）模拟 [108]；RCP 8.5 是最高的温室气体排放情景，这个情景假定人口最多、技术革新率不高、能源改善缓慢，由国际应用系统分析研究所（IIASA）的综合评估模型框架和能源供给策略和环境影响模型（MESSAGE）模拟 [109]。

数据降尺度包括数据网格化和空间化两个层面。涉及的主要指标有：社会经济数据、温室气体排放数据和土地利用数据。社会经济数据的空间化主要包括人口和国民生产总值。其中，统计数据网格化研究最有代表性的就是人口数据网格化。目前大致可分为面插值方法 [110] 和统计模型方法 [111-112] 两种。面插值方法计算的人口网格数据实际上仅是数据格式的转换，没有考虑人口空间分布的影响。统计模型方法主要是基于遥感技术和地理信息系统，通过建立人口密度与土地利用 [113]、夜间灯光 [114] 等影响人口分布的因素之间的关系模型等得到人口网格数据。有学者进一步通过人口网格数据网格尺度与空间自相关性的关系来确定研究区域最优的网格尺度，并结合人口密度及其影响因素之间的关系模型研究人口数据时空分异特征 [115]。统计模型方法结果更能真实反映研究区域人口分布的空间自相关特征，以及其与自然、社会经济等因素的相关关系。随着遥感技术和地理信息系统的发展，社会经济数据网格化模型逐渐从单纯的、静态的网格化方法，逐步向自然、经济社会因素综合影响下的空间模型过渡，朝着动态模型方向发展 [116]。综合来看，综合多种环境因子的多源数据融合模型，能够有效减少信息丢失和信息歪曲的发生频次，是本领域研究的重要方向。

通过总结现有研究发现，为了实现在精细网格尺度范围内对气候变化的科学预测和影响评估，目前学界通常的思路是：开发将行政单元数据向网格单位数据转换的技术方法，把以行政区为统计单元的社会经济数据按照一定规则分配到地理网格上。条件模拟方法和明确定义算法是现阶段常用的数据网格化方法。其中明确定义算法又包括线性降尺度法、收敛降尺度法和外部输入为基础的降尺度法三种方法。一个有效合理的尺度转换方法需要满足以下几点要求：①与历史数据保持一致；②与原始数据来源保持一致；③算法透明度高；④结果精度高。然而，并非所有算法都满足这 4 条要求。经验表明，研究结果中提供的信息越少，使用的降尺度算法越简单。此外，为了把数据从行政边界转换为地理边界，需要利用空间重标度的方法。空间重标度是指将变量在不同的边界范围进行重新标度。Nordhaus[99] 介绍了七种主要的空间重标度方法：①加权平均；②多数规则；③地区核心回归；④全球核心回归；⑤加权非线性回归；⑥区域平均值；⑦ Pycnophylactic 平滑。他指出“加权平均”的方法是最为稳定的技术，可以对真实值给出最为精确的估计。

## 2.5 主要启示

通过对本领域的文献进行计量和述评可以得出以下启示。

（1）关于模型方法。IPCC第五次评估报告中，四个代表性典型浓度情景（RCP）结果分别来自于国际应用系统分析研究所开发的MESSAGE模型、日本国立环境研究所开发的AIM模型、美国西北太平洋国家实验室和马里兰大学开发的MiniCAM模型，以及荷兰环境评估署开发的IMAGE模型。这些IAM模型均来自于发达国家，缺乏来自发展中国家自主开发的综合评估模型，以及能够体现发展中国家特点的分析结果。中国作为温室气体排放大国和全球应对气候变化的引领者，亟须进一步开展气候变化经济学领域的长期的基础研究，构建具有中国自主知识产权和国际影响力的综合评估模型，有效支撑我国参与和引领全球气候治理。

（2）关于气候协定设计和评估。《巴黎协定》明确了未来全球减排将以“自下而上”的国家自主贡献模式进行。《巴黎协定》相对《京都议定书》提出的这种“自下而上”的履约机制，能否实现全球整体的减排目标一直是目前研究的热点和前沿问题。由于全球气候资源的公共物品特性，“自下而上”的自愿承诺模式难免伴随着“免费搭车”的现象。因此，在探讨气候协定有效性评估及减排策略改进时把握全球温控目标，形成“自下而上”与“自上而下”集成的“混合机制”，分析和评估各国的努力程度及目标设定是否公平合理。

（3）关于公平性。在气候谈判中，公平性一直是各国难以达成共识的关键。在气候变化背景下，有两个重要层面的公平性问题。一个是当代人和后代人福利的权衡，即代际公平性；另一个是涉及富国和穷国之间的公平，即区域公平性。区域公平性一般指国家之间应对气候变化的责任分担问题（如各国的减排目标设定、排放配额分配等）。综合评估模型中，体现区域公平的重要参数是国家社会福利权重。然而，现有模型大多是没有分配权重的模型，因此，它们无法反映区域间的博弈。未来需进一步回答如何获取最优的社会福利权重系数，从而实现区域公平的合作减排。

（4）关于研究尺度。已有的定量研究多是从我国中长期排放目标，以及情景数据的角度出发，从单一国家层面确定排放趋势特征，没有充分考虑温控目标下全球合作减排的现实背景。并且，现有绝大多数研究集中在国家或行业层面的排放路径模拟，以及技术路线探索，少有研究关注温控目标下我国区域层面的减排责任分担。

（5）关于模型分辨率。现有的IAM模型使用国家和国家的集合来估算温室气体排放及其影响，模型空间分辨率低，无法预估气候变化对社会经济发展在多维时空尺度的复杂影响。网格化的数据能够直观、真实地反映现实，可与全球环境数据相匹配，在更加精细的空间尺度上分析地理要素（包括气温变化）对社会经济的影响，可与全球环境数据相匹配，在更加精细的空间尺度上分析地理要素（包括气温变化）对社会经济的影响，能够有效减少信息丢失和信息歪曲的发生频次，是本领域研究的重要方向。

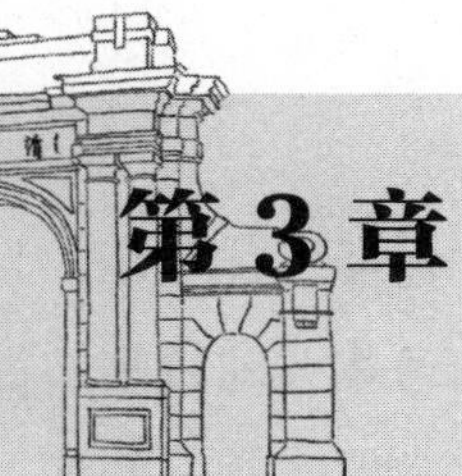

# 第 3 章　国际气候协定有效性评估：基于准自然实验

## ◉ 3.1 引　言

作为全球最严峻的环境外部性问题，应对气候变化需要集体行动。为减缓和适应气候变化，国际社会建立了一系列与气候治理相关的机制，在国家之间开展协调行动。联合国以 1992 年《公约》全面确立了规制全球气候变化的国际环境法律制度。围绕《公约》框架，国际社会达成了一系列气候协定。1996 年 IPCC 第二次评估报告为《公约》第二条“将大气中温室气体浓度稳定在防止气候系统受到危险的人为干扰的水平”提供了科学基础，并提出制定气候变化政策应兼顾公平原则[117]，促成了 1997 年《公约》第三次缔约方大会（COP3）形成《京都议定书》。2005 年随着俄罗斯的批准，《议定书》正式生效，自此“自上而下”的全球气候治理机制得以确立。但是，当时的第一大碳排放国美国（约占全球排放总量的 25%）在 2001 年宣布退出协议，直接导致其他签署国家要求削减他们以前接受的减排目标[118]。为了推动减排进程，各方于 2007 年通过“巴厘路线图”，开始“双轨”谈判并计划达成新协定。随后，2015 年《巴黎协议》通过，确定了“自下而上”的国家自主减排贡献（NDC）机制，为 2020 年后的全球减排指明方向（图 3.1）。

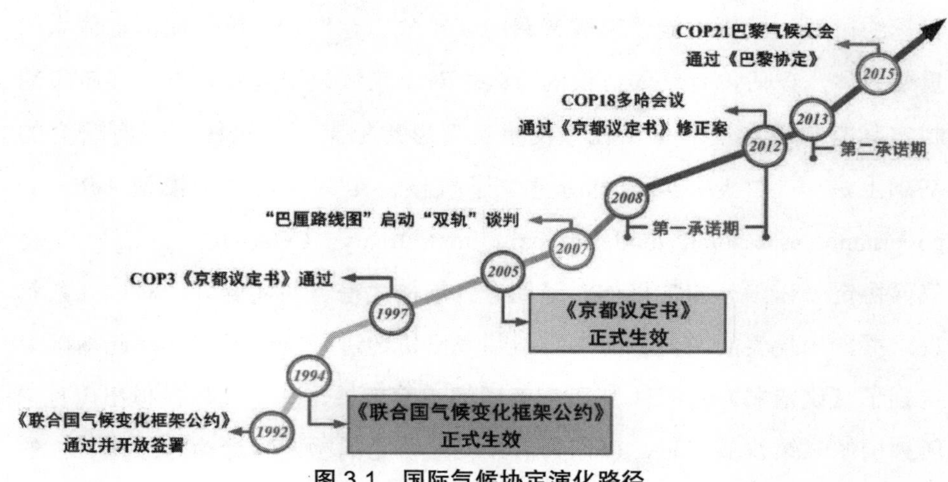

图 3.1 国际气候协定演化路径

气候变化不同于其他外部性问题，是经济、政治、国际局势、国内利益等多因素的综合博弈。因此，形成全球性、跨区域、长周期的减排协议难度非常大。从《公约》的制定到《议定书》的通过，全球气候治理成功实现了从规则到行动的突破，为气候治理机制的合法化拓宽了道路。然而，国际学界对气候协定存在的必要性及其减排效果始终存有争议。尤其是2012年《议定书》第一个履约期到期之后，关于其是否有效的讨论日益增多。按照传统经济学理论，《议定书》在美国缺席的情况下没有存在的意义；但是《议定书》却成功生效并顺利执行。据此现存事实，比利·皮泽（Billy Pizer）指出气候变化行动并不需要全体一致合作，国际条约不一定能推动国内气候变化行动，在实现温室气体减排方面作用不大。理查德·托尔（Richard Tol）提出了更强烈的观点，即《议定书》可能会阻碍减排。他认为，一方面，国际条约通常寻求最低的共同标准，可能会削弱减排能力较强的缔约方在减排方面付出的努力，反而会成为这类国家保守势力宣扬政治主张的依据；另一方面，"自上而下"设置的约束性目标会导致不愿承担风险的国家采取更加保守的气候行动[119]。

当一个国际治理机制建立起来的时候，它是否有效是衡量其优劣的重要标准。由于各国要素禀赋差异和政策实施效果的不同，"自上而下"

目标约束型气候协定能否形成普遍的减排效应？作为全球气候治理体系的重要载体，评估现有气候协议的有效性对未来气候谈判及各方气候政策的制定具有重要意义。本章在“反事实”思想框架下，试图在现有研究的基础上进一步拓展：第一部分建立了气候协定有效性评价模型（climate governance assessment model-global climate treaty，$CGA\text{-}GCT_{Top\text{-}down}$），将气候协定看作国际相关机构对缔约方开展的“准自然实验”，对以《京都议定书》为代表的“自上而下”国际气候协定进行实证研究。在此基础上得到了《议定书》对附件B所列各国的政策效果。基于此，模拟出附件B所列国家未来排放路径，以期为后续气候协定的制定和缔约方减排目标的设置提供科学支持和决策依据；第二部分介绍了模型框架及建模步骤；第三部分对实证应用背景及相关数据进行说明；第四部分讨论并分析了计算结果；第五部分对全文进行总结，得出政策启示。

## ◉ 3.2 气候协定有效性评价模型

本节将从两个方面介绍气候协定有效性评价模型——$CGA\text{-}GCT_{Top\text{-}down}$模型。首先介绍模型的研究思路，然后介绍建模过程。

### 3.2.1 研究框架

图3.2展示了气候协定有效性评价模型的研究框架。模型评估的目标是“自上而下”的气候协定是否有效，温室气体（或主要温室气体$CO_2$）排放量变化是判断气候协定是否有效的重要参考。在“鲁宾的反事实框架”（Rubin’s counterfactual framework），我们假想缔约方没有受到政策干预排放量将会怎样变化，并与其实际数据进行对比，二者之差就是“政策效

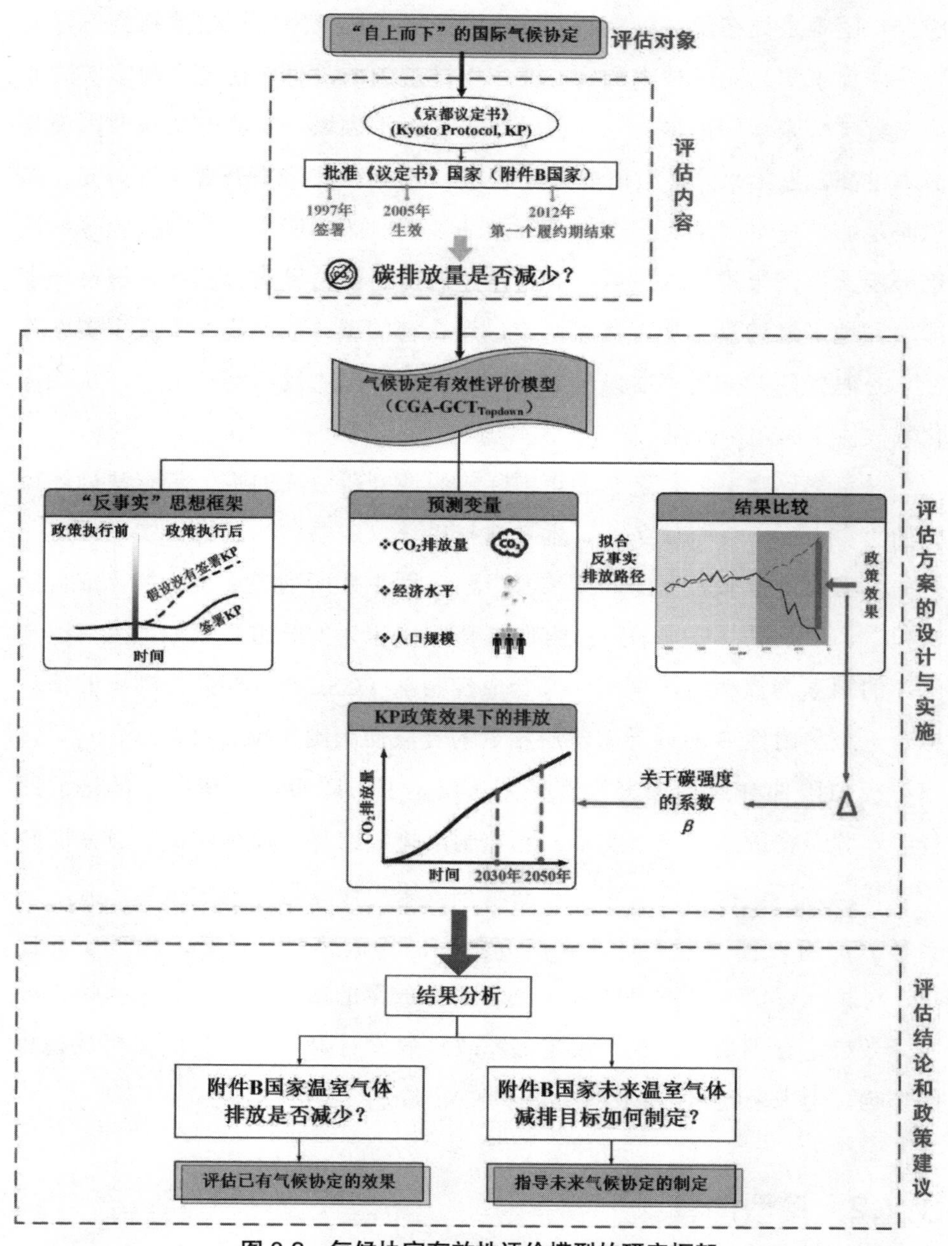

图 3.2　气候协定有效性评价模型的研究框架

应”。困难之处在于，“缔约方没有受到气候协定冲击排放量将会怎样变化”（反事实）无法被观测到。在应用微观领域，可以通过实验室实验或者田野实验来识别因果关系。但是在宏观经济领域，实验方法落地困难且成本过高。近年来，多数研究开始利用“准自然实验”开展实证研究。其思路是：首先对因果历史事件进行叙述说明；然后使用安慰剂检验等方法进一步支持因果推论；最后，对定量分析得出的结果进行解释。假设一个国家和地区最初没有加入气候协定，那么它的碳排放路径（“反事实”路径）是怎样的？采用“准自然实验”可以虚拟出“反事实”路径，从而量化气候协定的政策效果。

《京都议定书》是迄今为止国际气候谈判所达成的唯一带有法律约束力的“自上而下”气候条约，本章选择以《议定书》为例进行实证研究。首先，将《议定书》看作一项《公约》在附件B所列国家实施的“准自然实验”，以批准《议定书》的附件B所列国家为实验组，以未加入《议定书》的国家为控制组，采用广义合成控制法（GSC），根据控制组的信息拟合一个与附件B所列国家特质相近的合成控制国（synthetic country），用以模拟附件B所列国家没有受到《议定书》政策冲击情况下的排放路径；实验组排放路径（事实值）和控制组排放路径（反事实值）之差即政策效果。随后，根据《议定书》的政策效果，计算得到关于碳排放强度的系数 $\beta$，用以预测未来附件B所列国家的排放路径。最后，根据实证结果，讨论《议定书》对附件B所列国家排放量的影响，对现有气候协定的实际效果进行评估；讨论《议定书》政策效果对附件B所列国家排放趋势的影响，为未来气候协定的制定提供决策支持。

### 3.2.2 模型构建

合成控制法（SCM）是一种“反事实”框架下对政策效果进行事后评估的有效工具[108]，可以模拟政策执行之后，同一主体在接受或不接受政策干预时的表现。其基本思想是，虽然无法找到最佳的控制组，但可以对若干国家进行适当的线性组合，以构造一个更逼真的“合成控制国家”。SCM 方法通过数据驱动来选择线性组合的最优权重，防止人为的主观误差，避免了双重差分（DID）、倾向匹配（PSM）等其他“反事实”评估方法在选择控制组时可能出现的样本偏误和政策内生性等问题，同时可以反映“合成控制国家”中每个控制国对“反事实”事件的贡献，是目前政策有效性评估的主流方法。但是，合成控制法适合对单个实验组进行效果评估。如果存在多个实验组，则需要通过一定的技术手段（目前多采用取平均的方法）将多个实验组合并成一个新的分析对象，然后进行运算。但是这种简单的处理方法存在两点不足：一是忽略了不同实验组之间的异质性；二是不能用于非同期的政策有效性检验。此外，SCM 对于面板数据的要求较为严苛，需要 15 年以上的外生冲击前和 5 年以上的外生冲击后的面板数据，同时，控制组地区最好超过 10 个。

为克服上述问题，本节以 Xu[120] 提出的广义合成控制法（GSC）为核心构建气候协定有效性评价模型。Xu 将计量经济学面板交互固定效应引入到了因果关系推断中，拓展了传统差异分析方法。GSC 将 SCM 思想与交互固定效应（IFE）相结合，在 SCM 的基础上进行了拓展，因此 IFE 的优势在 GSC 中也得以体现。与 SCM 方法相比，GSC 放松了平行趋势假定，允许政策处理变量与未观测单元的单位和时间异质性相关。具体优势如下：首先，提高了可操作性。GSC 有一个内置的交叉验证过程，当数据样本量充足时，可以自动选择交互固定效应模型的正确因子数，从而避免不断重复的模型搜索；第二，提高了估计效率。GSC 将 SCM 方法推广到了多个实验组而非一个实验组对多期政策。综合来看，GSC 方法适用于对存在多处理单元、非同期扩容的政策进行有效性评估。国际气候协定也恰恰符合上述条件。具体建模步骤描述如下。

**步骤一：综合考虑政治、经济、资源禀赋等因素，以及数据的可得**

**性，确定控制组范围并选择合成控制变量**。在 $t$ 时期 $\left(t \quad 1,2, \quad ,T\right)$ 假设有 $J+1$ 个国家和地区，其中有 1 个国家和地区受气候协定约束，可将其视为实验组；其余 $J$ 个国家没有受到该协定冲击，构成了潜在的控制组，可作为实验组的“反事实”替身。广义合成控制法（GSC）的基本思路参见图 3.3。

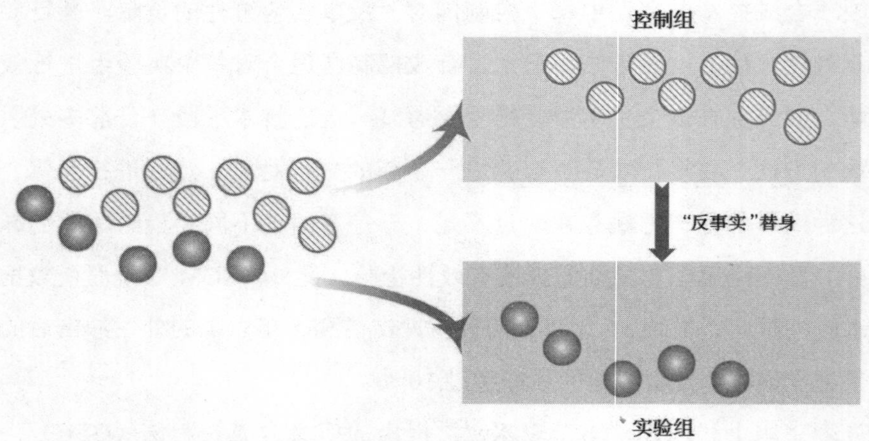


图 3.3 广义合成控制法（GSC）的基本思路

**步骤二：评估《议定书》对附件 B 所列国家的政策效果**。首先将全部国家分为实验组（记为合集 $\Gamma$）和控制组（记为集合 **C**），$N_{\text{treatment}}$ 和 $N_{\text{control}}$ 分别表示实验组和控制组的国家数量，此时样本中总的国家数为 $N=N_{\text{treatment}}+N_{\text{control}}$。实验组 $i$ 国家实施气候协定前的总年份数 $T_{0i}$，$T$ 为总观测年份数。实验组国家 $i$ 首次受到气候协定影响的年份为 $(T_{0i}+1)$，控制组内所有国家在总观测期 $T$ 内均未受到气候协定影响。假定 $i$ 国家在 $t=T_0$ 时开始执行气候协定（或正式签署气候协定，成为缔约方），那么在 $t$ 时加入气候协定和未加入气候协定的排放量分别为 $Em_{it}^{R}$ 和 $Em_{it}^{E}$。当 $t \leqslant T_0$ 时，$i$ 国碳排放量没有受气候协定影响，此时 $Em_{it}^{R}=Em_{it}^{E}$；当 $t \geqslant T_0$ 时，$i$ 国碳排放量开始受到气候协定冲击，这时 $Em_{it}^{R}$ 和 $Em_{it}^{E}$ 之间的差值即气候协定的政策效果。对于 $i$ 国而言，$Em_{it}^{R}$ 是实际排放路径，可以通过计算得到；但是

假设 $i$ 国没有加入气候协定的碳排放量在 $T_0$ 之后是无法观测到的，需要通过合成与 $i$ 国特征高度相似的反事实控制组，模拟其反事实排放路径 $Em_{it}^E$ 。

模型评估的对象是“自上而下”的气候协定——《京都议定书》，目标是量化《议定书》政策效果 $\widehat{\sigma}_{it}$ （ $\widehat{\sigma}_{it}=Em_{it}^R-Em_{it}^E$ ）。 $\widehat{\sigma}_{it}$ 可通过比较附件B所列国家排放路径（事实值 $Em_{it}^R$ ）和“合成控制国”排放路径（反事实值 $Em_{it}^E$ ）得到。首先假设反事实排放路径 $Em_{it}^E$ 可以采用公式（3.1）线性因子模型估计

$$Em_{it}^E=\sigma_{it}\text{Treaty}_{it}+\theta Z'_{it}+\lambda'_i\mu_t+\varepsilon_{it} \tag{3.1}$$

式中， $\sigma_{it}$ 表示国家 $i$ 在 $t$ 期的异质性政策处理效应； $\text{Treaty}_{it}$ 是虚拟变量，当国家 $i$ 在 $t(t>T_0)$ 时开始执行气候协定，此时 $\text{Treaty}_{it}$ 的值为1，否则为0； $\boldsymbol{\theta}=(\theta_1,\cdots,\theta_k)'$ 是 $k$ 维待估系数向量； $\boldsymbol{Z}_{it}=\left(Z_{it,1},Z_{it,2},\cdots,Z_{it,k}\right)^{\mathrm{T}}$ 为 $k$ 维可观测的向量； $\boldsymbol{\lambda}_i=(\lambda_{i1},\cdots,\lambda_{ir})'$ 是国家 $i$ 的 $r$ 维未知因子载荷向量； $\boldsymbol{\mu}_t=(\mu_{1t},\cdots,\mu_{rt})'$ 表示影响不同国家碳排放量的 $r$ 维不可观测时变共同因子向量，控制不同国家间的空间相关性； $\lambda'_i\mu_t$ 即互动固定效应，反映了国家间相关的不可观测时变因素； $\varepsilon_{it}$ 为国家 $i$ 在 $t$ 时期具有零均值不可观测冲击，反映国家之间相互独立的随机扰动因素。公式（3.2）表示控制组的碳排放量，根据IFE模型确定

$$Em_i^E=\theta Z_i+U\lambda_i+\varepsilon_i,i\in\mathbf{C} \tag{3.2}$$

用矩阵表示公式（3.2），可以写为如下形式。

$$Em_{\text{control}}^E=\theta Z_{\text{control}}+U\Lambda'_{\text{control}}+\varepsilon_{\text{control}} \tag{3.3}$$

令 $Em_{it}^E(1)$ 和 $Em_{it}^E(0)$ 分别表示国家 $i$ 在 $t$ 时期加入气候协定和未加入气候协定的排放量，此时个体处理效应可用公式（3.4）表示。

$$\sigma_{it}=Em_{it}^E(1)-Em_{it}^E(0),i\in\Gamma,t>T_0 \tag{3.4}$$

气候协定对排放量的实验组的平均处置效应（ATT）为

$$\text{ATT}_{t,t>T_0}=\frac{1}{N_{\text{treatment}}}\sum_{i\in\Gamma}\left[Em_{it}^{E}(1)-Em_{it}^{E}(0)\right]=\frac{1}{N_{\text{treatment}}}\sum_{i\in\Gamma}\sigma_{it} \tag{3.5}$$

根据公式（3.4）和公式（3.5）可知，为求得个体处理效应$\sigma_{it}$，需要对平均处理效应ATT进行估算。首先，利用控制组数据估计IFE模型。

$$\left(\hat{\theta},\hat{U},\hat{\Lambda}_{\text{control}}\right)=\underset{\hat{\theta},\hat{U},\hat{\Lambda}_{control}}{\arg\min}\sum_{i\in\mathbf{C}}\left(Em_i-Z_i\tilde{\theta}-\widetilde{U}\tilde{\lambda}_i\right)'\left(Em_i-Z_i\tilde{\theta}-\widetilde{U}\tilde{\lambda}_i\right)$$

$$s.t.\frac{\widetilde{U}'\widetilde{U}}{T}=I_r \;\&\; \widetilde{\Lambda}'_{\text{control}}\widetilde{\Lambda}_{\text{control}}=\text{diagonal} \tag{3.6}$$

基于实验组受控制前样本$\left\{Em_i,Z_i\right\}_{\text{Treatment},t<T_0}$进行估计，通过最小化预处理阶段（以上标“0”代表预处理阶段）的预处理结果的均方误差估计每一个处理单元的因子载荷$\hat{\lambda}_i$。

$$\begin{aligned}\hat{\lambda}_i&=\underset{\hat{\lambda}_i}{\text{argmin}}=(Em_i^0-Z_i^0\hat{\theta}-\hat{U}^0\hat{\lambda}_i)'(Em_i^0-Z_i^0\hat{\theta}-\hat{U}^0\hat{\lambda}_i)\\&=(\hat{U}^{0\prime}\hat{U}^0)^{-1}\hat{U}^{0\prime}(Em_i^0-Z_i^0\hat{\theta}),\quad i\in\Gamma\end{aligned} \tag{3.7}$$

根据公式（3.6）和公式（3.7）估算得到系数$\hat{\theta}$、$\hat{U}^0$及$\hat{\lambda}_i$，由此计算实验组国家的反事实排放路径。

$$\widehat{Em}_{it}^{E}(0)=z_{it}'\hat{\theta}+\hat{\lambda}_i'\hat{f}_t,i\in\Gamma,t>T_0 \tag{3.8}$$

实验组国家在$t$时期平均处理效应$ATT$为

$$\widehat{\text{ATT}}_t=\frac{1}{N_{\text{treatment}}}\sum_{i\in\Gamma}\left[Em_{it}^{E}(1)-\widehat{Em}_{it}^{E}(0)\right] \tag{3.9}$$

**步骤三：有效性分析和稳健性检验**。在政策评估中，因为数据的样本量小、缺乏随机性等特征，应用统计推断非常困难，并且使传统方法应用于统计推断变得非常复杂。安慰剂检验（placebo test）可以识别是预测的误差，还是真实的影响。本节对控制组进行检验，计算出每个控制组国家实际排放量与合成排放量的差距。如果实验组的排放差距与控制组中其他国家的排放差距有显著不同，那么气候协定对减排的影响是显著的。进一步地，通过改变气候协定生效时间（即处理年份）及随机抽取实验组，对合成控制模型的模拟效果进行稳健性检验。

**步骤四：**根据《议定书》的政策效果，得到附件 B 所列国家碳排放强度系数，用以预测未来年份附件 B 所列国家的排放路径。以此为依据，为附件 B 所列国家 2030 年和 2050 年减排目标的设定提供参考。

## ◉ 3.3 实证应用及数据说明

本章以《京都议定书》为例介绍气候协定有效性评价模型的应用。《议定书》围绕“共同但有区别的责任”原则，采用“自上而下”的方式，量化了附件 B 所列国家（发达国家与苏联东欧经济转型国家）的温室气体减排量，即在第一个履约期（2008—2012 年），附件 B 所列国家温室气体排放总量相比 1990 年（少数国家被允许采用其他年份作为基准年）水平减少 5.2%。其中，欧盟国家温室气体排放限度为 92%，美国为 93%，加拿大和日本为 94%，俄罗斯为 100%，其他国家为 110%。自 1997 年通过以来，一直到 2012 年第一个履约期结束，《京都议定书》有效期长达 15 年，这为定量研究气候协议对温室气体排放的影响提供了经验材料。本节涉及的政策背景及政策生效时间如图 3.1 所示。具体样本选择及数据描述如下。

### 3.3.1 样本选择

在建模中存在一个潜在的假定，即《京都议定书》仅影响了批准它的国家，其他国家不受影响。本章以附件 B 所列国家为实验组，以非附件 B 所列国家为控制组。表 3.1 为附件 B 所列国家及各国家和地区的量化减排目标。《京都议定书》规定，到 2010 年，所有发达国家二氧化碳（$CO_2$）、甲烷（$CH_4$）、氧化亚氮（$N_2O$）、氢氟碳化物（HFCs）、全氟化碳（PFCs）及六氟化硫（SF6）等 6 种温室气体的排放量，要比 1990 年减少 5.2%。具体来说，与 1990 年相比，欧盟削减 8%、美国削减 7%、日本削减 6%、加拿大削减 6%、东欧各国削减 5% ～ 8%。新西兰、俄罗斯和乌克兰可将排放量稳定在 1990 年水平上。《京都议定书》同时允许爱尔兰、澳大利亚和挪威的排放量比 1990 年分别增加 10%、8% 和 1%。美国虽然在 1998 年签署了《京都议定书》，但是在 2001 年以“减少温室气体排放会影响经济”及“发展中国家也应承担减排义务”为由，拒绝批准《京都议定书》。加拿大、日本、新西兰、俄罗斯等发达国家相继退出《京都议定书》第二期承诺，因此受《京都议定书》附件 B 实际约束的缔约方，其 1990 年排放量仅占全部附件 B 排放量的 38%。此外，由于第二承诺期在法律效力上的不确定性，使得《京都议定书》对于附件 B 缔约方的管制力度比第一承诺期大大削弱。因此，本章暂时未将第二履约期纳入研究范围。根据数据的可得性，本章选择除列士敦士登、卢森堡、摩纳哥和加拿大之外的 34 个附件 B 所列国家为研究对象，作为实验组（表 3.1）；控制组为附件 B 以外的其他国家和地区，共计 142 个（见附录 B）。

**表 3.1　附件 B 国家及其减排目标**

| 序号 | 国　家 | 所属区域 | 量化目标 /% | 序号 | 国　家 | 所属区域 | 量化目标 /% |
|---|---|---|---|---|---|---|---|
| 1 | 奥地利 | 欧盟 | 92 | 15 | 匈牙利* | 欧盟 | 92 |
| 2 | 比利时 | | 92 | 16 | 西班牙 | | 92 |
| 3 | 丹麦 | | 92 | 17 | 爱尔兰 | | 92 |
| 4 | 葡萄牙 | | 92 | 18 | 意大利 | | 92 |
| 5 | 法国 | | 92 | 19 | 爱沙尼亚* | 欧盟 / 东欧 | 92 |
| | | | | 20 | 保加利亚* | | 95 |
| 6 | 德国 | | 92 | 21 | 斯洛文尼亚* | | 110 |
| 7 | 斯洛伐克* | | 92 | 22 | 拉脱维亚* | | 101 |
| 8 | 捷克* | | 95 | 23 | 立陶宛* | | 92 |
| 9 | 瑞典 | | 92 | 24 | 克罗地亚* | | 92 |
| 10 | 荷兰 | | 92 | 25 | 冰岛 | 欧洲 | 92 |
| 11 | 波兰 | | 94 | 26 | 挪威 | | 100 |
| 12 | 芬兰 | | 92 | 27 | 英国 | | 100 |
| 13 | 罗马尼亚* | | 92 | 28 | 瑞士 | | 94 |
| 14 | 希腊 | | 92 | 29 | 乌克兰* | 东欧 / 伞形集团 | 100 |

续表

| 序号 | 国　家 | 所属区域 | 量化目标 /% | 序号 | 国　家 | 所属区域 | 量化目标 /% |
|---|---|---|---|---|---|---|---|
| 30 | 俄罗斯 * | 伞形集团 | 100 | 33 | 澳大利亚 | 伞形集团 | 108 |
| 31 | 日本 | | 100 | 34 | 卢森堡 | 欧盟 | 92 |
| 32 | 新西兰 | | 94 | | | | |

注：量化目标为相对于基准年或基准期百分比量化的限制或减少排放的承诺；* 代表正在向市场经济过渡的国家。

## 3.3.2　数据描述

如若政策开始之前，被解释变量碳排放的各决定因素合成的附件 B 国家与真实的附件 B 国家尽可能一致，则合成控制组的拟合效果最优，以此预估出来的政策效果可信度高。因此，控制变量是寻找最优组合的关键因素。参考现有研究，本章选择的控制变量包括影响碳排放的主要因素：人口规模 [121-122]、经济增长 [123-124] 等（表 3.2）。数据范围为 1990—2014 年，1990—2005 年为拟合预测变量的时间段。$CO_2$、GDP、人口数据均来自国际应用系统分析研究所 IIASA 数据库共享社会经济路径（SSP）。未来年份的 GDP 预测数据来自 IIASA SSP2 情景数据库 [125]。各数据变量统计性描述如表 3.3 所示。

表 3.2　主要控制变量解释

| 变　量 | 定　义 | 单　位 | 数 据 来 源 |
|---|---|---|---|
| $CO_2$ | 二氧化碳排放量 | $KtCO_2$ | IIASA SSP 情景数据库 |
| Pop | 人口 | 万人 | |
| $GDP_{Pop}$ | 人均实际 GDP | 美元，2011 年不变价 | |

表 3.3　变量的统计性描述

| 变 量 名 称 | 均　值 | 中 位 数 | 标 准 差 | 最小值 | 最 大 值 | 观测数 |
|---|---|---|---|---|---|---|
| $CO_2$ | 149 924.91 | 10 131 | 651 845.12 | 29.33 | 10 290 991.33 | 4399 |
| $lnCO_2$ | 9.28 | 9.22 | 2.47 | 3.38 | 16.15 | 4399 |
| lnPop | 15.59 | 15.81 | 2.05 | 9.35 | 21.03 | 4399 |

续表

| 变量名称 | 均值 | 中位数 | 标准差 | 最小值 | 最大值 | 观测数 |
|---|---|---|---|---|---|---|
| lnGDP | 10.64 | 10.48 | 2.19 | 4.95 | 16.65 | 4399 |
| $lnGDP_{Pop}$ | 8.86 | 8.96 | 1.30 | 3.83 | 11.94 | 4399 |
| $lnGDP_{Pop}2$ | 80.16 | 80.27 | 22.54 | 14.66 | 142.55 | 4399 |
| GDP | 371 047.12 | 35 438.66 | 1 330 772.40 | 140.79 | 17 080 304 | 4399 |
| $GDP_{Pop}$ | 14 144.54 | 7 782.02 | 16 760.42 | 45.98 | 153 161.81 | 4399 |
| Pop | 3 500.56 | 735.02 | 12 967.86 | 1.16 | 136 427 | 4399 |

## 3.4　结果分析与讨论

本节基于 3.2 节构建的 $CGA\text{-}GCT_{Top\text{-}down}$ 模型，参考 Xu[120] 提出的估算方法，将被解释变量与控制变量代入线性因子模型中，使用 Rstudio 进行计量，评估《京都议定书》的政策效果。主要内容包括《京都议定书》减少碳排放的有效性分析、稳健性检验及《京都议定书》政策效果三个部分。

### 3.4.1　《京都议定书》对附件 B 整体的减排效果

本节重点分析实验组国家在 $t$ 时期平均处理效应 ATT。从图 3.4 可以看出《京都议定书》对 34 个附件 B 国家整体碳排放的影响。图 3.4（a）中的灰色阴影部分表示 95% 的置信区间，黑色曲线为实验组与控制组的差值，代表《京都议定书》政策效果。图中刻度为 0 的白色水平线表示合成的反事实国家碳排放水平；刻度为 0 的白色垂直线为《京都议定书》实施后的年份，左侧为《京都议定书》实施前的年份。本章选择《京都议定书》正式生效的年份 2005 年作为处理年份。结合表 3.5 可以看出，在《京都议定书》生效前，黑色曲线在 0 左右波动，并且幅度较小（最小值 –0.04023，最大值 –0.3409），即附件 B 国家与反事实附件 B 国家碳排放的偏离程度小，GSC 有较好地进行拟合。《京都议定书》实施后，处理期后几年政策效果开始显著，说明《京都议定书》对附件B国家的碳减排起到了一定的效果，但是存在一定的滞后性。图3.4（b）中的黑色实线表示1990—2014年附件B国家的碳排放路径；虚线表示反事实国家的碳排放路径。灰色阴影表示处理年份（2005年）。通过二者对比可以看出附件B国家和反事实国家 $\ln CO_2$ 的差异。从图3.4（b）发现，在《京都议定书》第一个履约期开始之前（2005年以前），附件B国家和反事实国家碳排放的变化路径偏差比较小，说明合成的反事实国家较理想地拟合了附件B国家执行《京都议定书》之前的碳排放。2005年之后，二者的差异逐渐增大，从整体上看《京都议定书》在减少二氧化碳排放方面起到了一定的效果。表3.4为结果变量的ATT估计值及各控制变量的估计系数。ATT值为负且 $P$ 值小于5%，在5%的水平上显著下降。可以得出《京都议定书》的实施使得附件B国家的碳排放量比不加入《京都议定书》减少了约19%。结合表3.5可以看出，《京都议定书》生效之后，附件B国家两条路径之间的差距持续为负且逐渐呈现扩大趋势，说明《京都议定书》对碳减排的促进作用逐渐增大。从《京都议定书》生效后第5期开始，减排量改善明显；尤其是第8期之后，《京都议定书》政策效果显著增强（ATT值为–0.28 ～ –0.41）。

**表3.4　《议定书》对附件B国家碳排放量的影响**

| | Beta 系数 | S.E. | CI.Lower | CI. upper | $P$ 值 |
|---|---|---|---|---|---|
| ATT | –0.1905** | 0.0767 | –0.3409 | –0.04023 | 0.01297 |
| lnGDP | 1.5443* | 0.8740 | –0.1686 | 3.2572 | 0.07723 |
| $\ln GDP_{Pop}$ | –1.0844 | 0.8416 | –2.7340 | 0.5652 | 0.19761 |
| lnPop | –0.5874 | 0.8390 | –2.2318 | 1.0570 | 0.48382 |

注：*、** 分别表示在10%、5%的水平上显著。处理年份为2005—2014年。

**表3.5　处理时点重新排列后处理效应的变化**

| 相对处理时期 | ATT | S.E. | CI.Lower | CI. upper | $P$ 值 | 实验组国家数 |
|---|---|---|---|---|---|---|
| –14 | 0.02906 | 0.02036 | –0.0108433 | 0.068971 | 0.15346 | 0 |
| –13 | 0.03691 | 0.01901 | –0.0003445 | 0.074171 | 0.05216 | 0 |
| –12 | –0.04043 | 0.01777 | –0.0752598 | –0.005592 | 0.02293 | 0 |

续表

| 相对处理时期 | ATT | S.E. | CI.Lower | CI. upper | *P* 值 | 实验组国家数 |
|---|---|---|---|---|---|---|
| –11 | –0.05117 | 0.02327 | –0.0967831 | –0.005561 | 0.02788 | 0 |
| –10 | 0.01411 | 0.02358 | –0.0320938 | 0.060322 | 0.54939 | 0 |
| –9 | 0.01790 | 0.02150 | –0.0242364 | 0.060040 | 0.40503 | 0 |
| –8 | 0.02706 | 0.01705 | –0.0063652 | 0.060479 | 0.11258 | 0 |
| –7 | 0.01978 | 0.02429 | –0.0278244 | 0.067378 | 0.41547 | 0 |
| –6 | –0.02802 | 0.01945 | –0.0661470 | 0.010103 | 0.14970 | 0 |
| –5 | –0.01931 | 0.01690 | –0.0524203 | 0.013808 | 0.25316 | 0 |
| –4 | –0.03211 | 0.02115 | –0.0735641 | 0.009354 | 0.12907 | 0 |
| –3 | 0.00980 | 0.01611 | –0.0217805 | 0.041382 | 0.54303 | 0 |
| –2 | 0.01849 | 0.01274 | –0.0064822 | 0.043458 | 0.14673 | 0 |
| –1 | 0.01550 | 0.01607 | –0.0160055 | 0.046999 | 0.33496 | 0 |
| 0 | –0.01758 | 0.01327 | –0.0435860 | 0.008425 | 0.18518 | 0 |
| 1 | –0.02349 | 0.03068 | –0.0836202 | 0.036640 | 0.44387 | 34 |
| 2 | –0.04802 | 0.05017 | –0.1463458 | 0.050310 | 0.33850 | 34 |
| 3 | –0.08261 | 0.07906 | –0.2375569 | 0.072338 | 0.29605 | 34 |
| 4 | –0.12806 | 0.09086 | –0.3061478 | 0.050030 | 0.15873 | 34 |
| 5 | –0.18814 | 0.11364 | –0.4108673 | 0.034594 | 0.09781 | 34 |
| 6 | –0.17745 | 0.12810 | –0.4285170 | 0.073618 | 0.16597 | 34 |
| 7 | –0.22966 | 0.14365 | –0.5112110 | 0.051898 | 0.10989 | 34 |
| 8 | –0.27751 | 0.16340 | –0.5977588 | 0.042742 | 0.08944 | 34 |
| 9 | –0.33902 | 0.17510 | –0.6822126 | 0.004181 | 0.05286 | 34 |
| 10 | –0.41153 | 0.16788 | –0.7405731 | –0.082483 | 0.01423 | 34 |

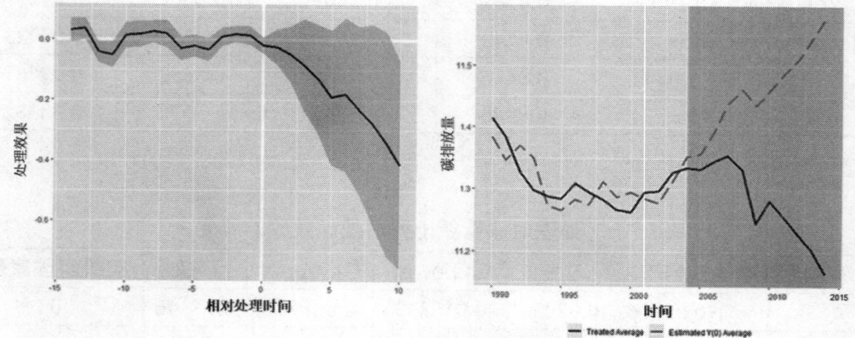


（a）处理效应的变化　（b）实际排放量与反事实排放量的路径对比

**图 3.4　附件 B 国家实际排放与反事实排放路径对比与处理效应变化**

### 3.4.2 《京都议定书》对附件B各国的减排效果

广义合成控制模型在一次运行中提供所有处理单元的处理效果，因此可以对政策影响的国别效应进行评估。本节重点分析实验组各个国家的处理效应ATT。1990—2014年期间，附件B所列国家及其合成控制国碳排放路径如图3.5所示，图中垂直虚线指向各缔约方签署《京都议定书》的年份。从图3.5可以看出，在阴影的左侧，附件B所列国家的真实碳排放量与其合成控制国家碳排放量拟合较好，说明合成误差较小。具体来看，澳大利亚、希腊、爱尔兰、日本、拉脱维亚、立陶宛、新西兰、葡萄牙、俄罗斯、乌克兰10个国家真实排放路径与合成控制国排放路径基本保持一致，尤其是在《京都议定书》生效之后（右侧阴影区），两条排放路径偏离程度很小，对这些国家而言《京都议定书》政策效果不大。就澳大利亚而言，2013年之前真实澳大利亚（实线）始终在合成控制澳大利亚（虚线）之上，说明《京都议定书》约束下的碳排放量反而比没有《京都议定书》冲击的排放量大；2013年之后，合成控制澳大利亚排放量超过真实澳大利亚，在一定意义上反映出《京都议定书》政策效果存在一定的滞后性。出现这种结果，一方面说明，《京都议定书》设置的减排约束与以上10个国家真实情况不符，没有起到真正的减排作用；另一方面说明这些国家在国内开展了除《京都议定书》要求之外的较为积极的减排行动。奥地利、比利时、保加利亚、克罗地亚、捷克、丹麦、爱沙尼亚、芬兰、法国、德国、匈牙利、意大利、荷兰、挪威、波兰、罗马尼亚、西班牙、瑞典、瑞士、英国20个欧洲国家在《京都议定书》生效之后，真实排放路径（实线）始终在合成控制国排放路径（虚线）之下，并且随着执行时间的增加二者差异大幅度增大，说明对这些国家而言《京都议定书》政策效果显著。对斯洛文尼亚而言，《京都议定书》生效后三年，政策效果开始显现并快速增大；对冰岛而言，《京都议定书》起到了一定的减排作用，但与其他国家相比，政策效果不明显。

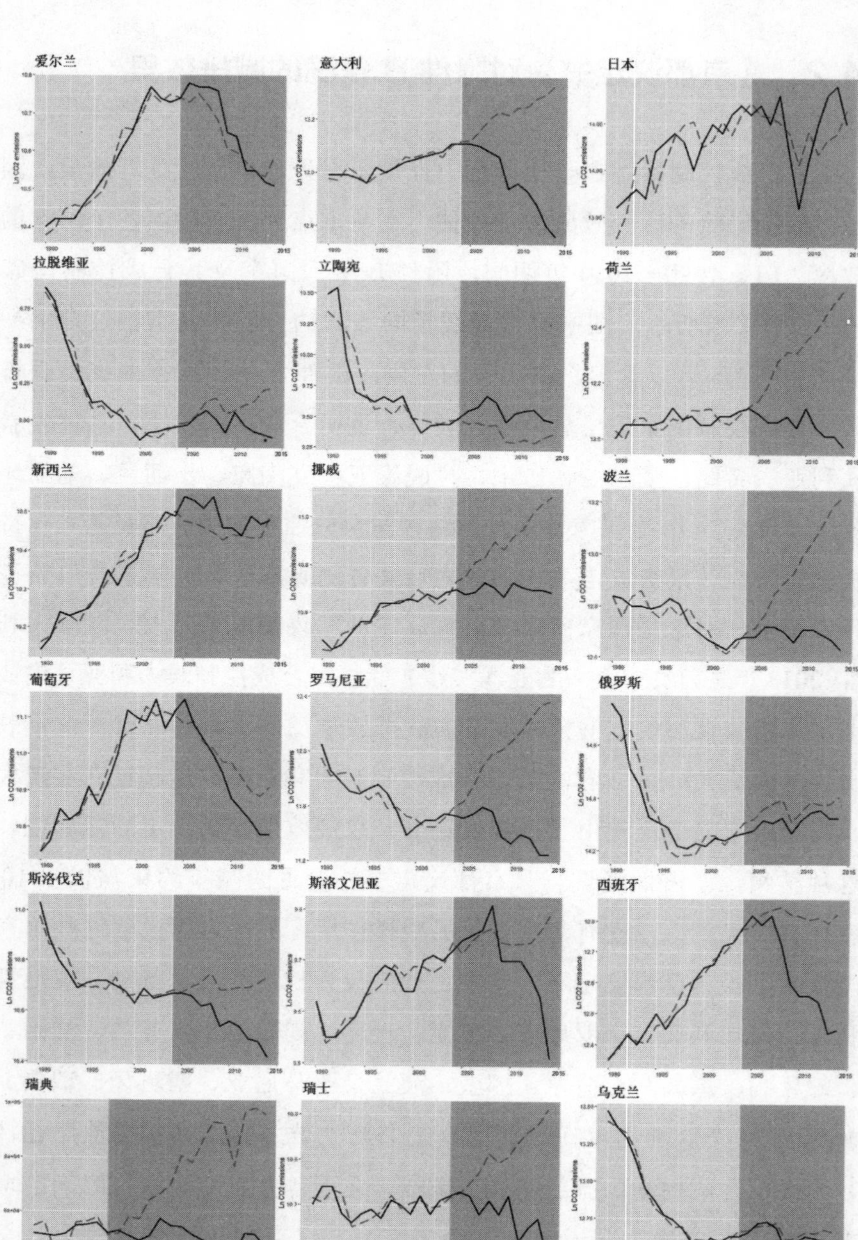


图 3.5 附件 B 所列国家及其合成控制国碳排放路径

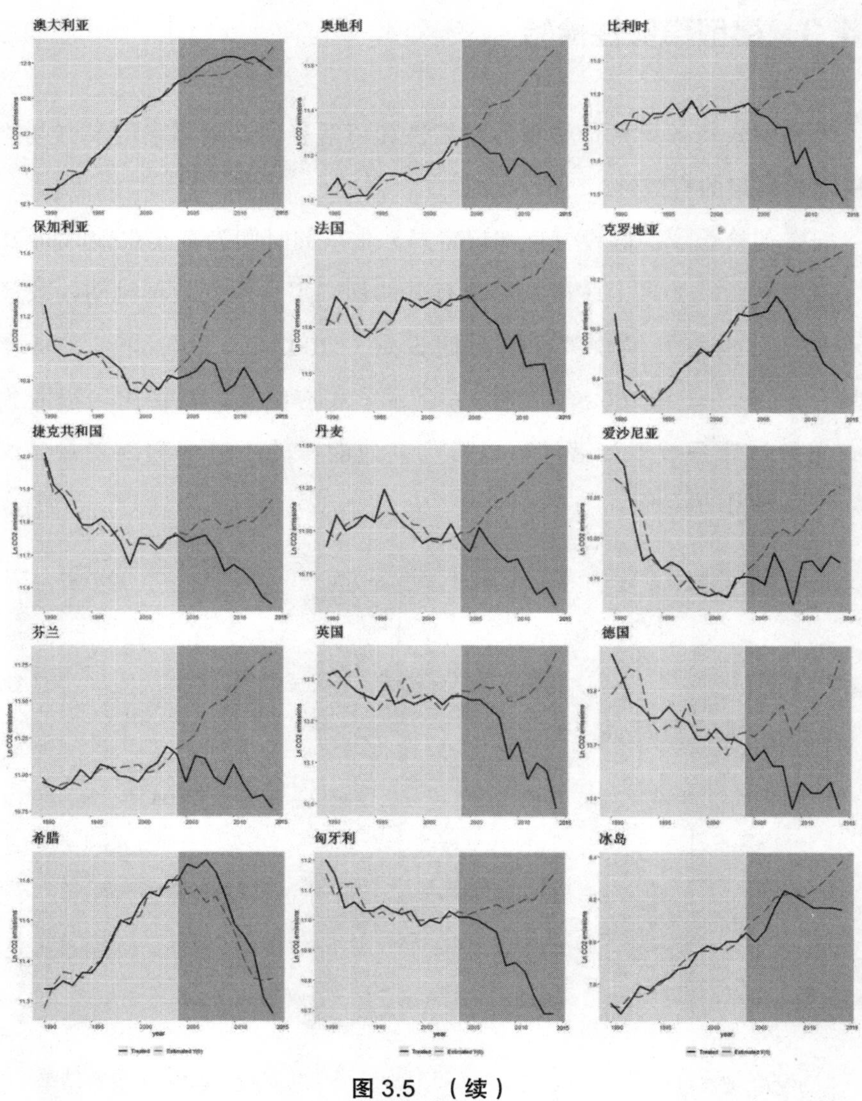


图 3.5　（续）

注：黑色实线代表真实国家碳排放量，虚线表示合成控制国家碳排放量。

### 3.4.3 模型稳健性检验

为确保政策效果估计结果的可信性和可解释性，本节采用安慰剂检验分析上述结果的有效性。

安慰剂检验一：假设《京都议定书》生效的时间为真实生效时间2005年之前或之后。如果上述模型结果有效的话，那么改变处理时间，政策效果不变。分别将气候政策冲击时间设定为2002年、2003年、2004年、2006年、2007年和2008年，图3.6展示了相应结果。从图中可以看出，核心变量估计系数不显著，可以排除其他潜在的不可观测因素对《议定书》政策效果的影响。

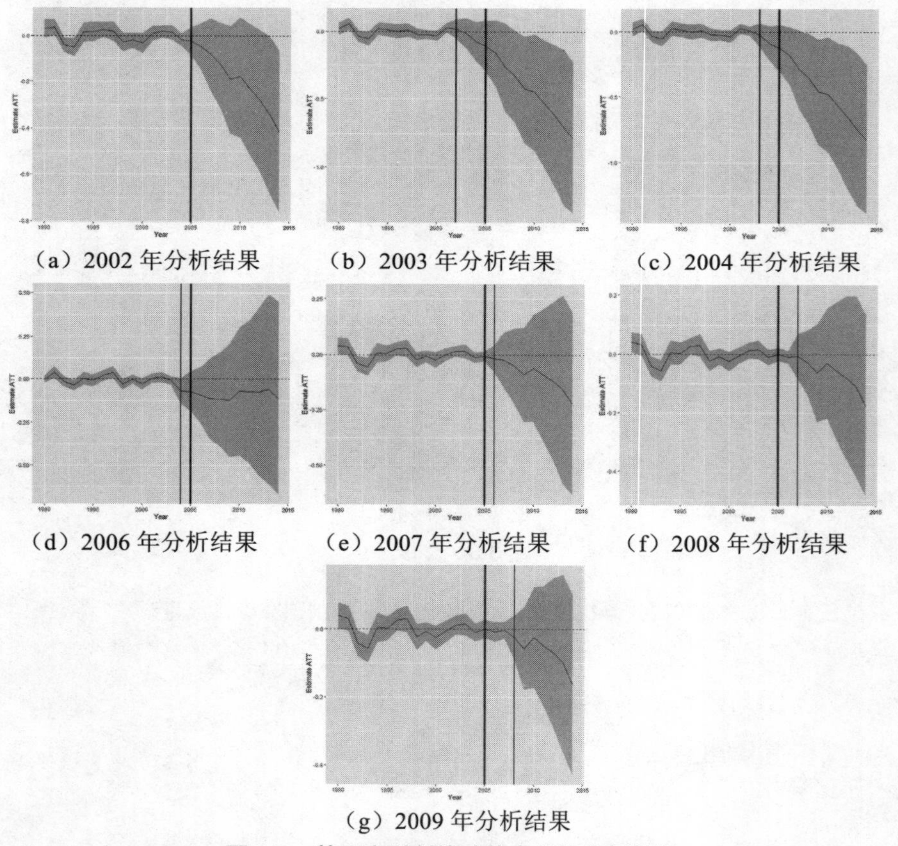


（a）2002年分析结果 （b）2003年分析结果 （c）2004年分析结果

（d）2006年分析结果 （e）2007年分析结果 （f）2008年分析结果

（g）2009年分析结果

图3.6 基于安慰剂检验的有效性分析结果

安慰剂检验二：随机抽取实验组。如果上述结果有效的话，那么假设对一个未纳入附件 B 的国家，《京都议定书》应该对其减排不产生影响。从控制组国家中随机抽取 1 个国家，将其设定为“伪”附件 B 国家。由于“伪”附件 B 国家是随机生成的，安慰剂检验交叉项不会对因变量产生显著影响。这里以巴西为例进行讨论。从图 3.7 可以看出处理效应不显著，通过检验。

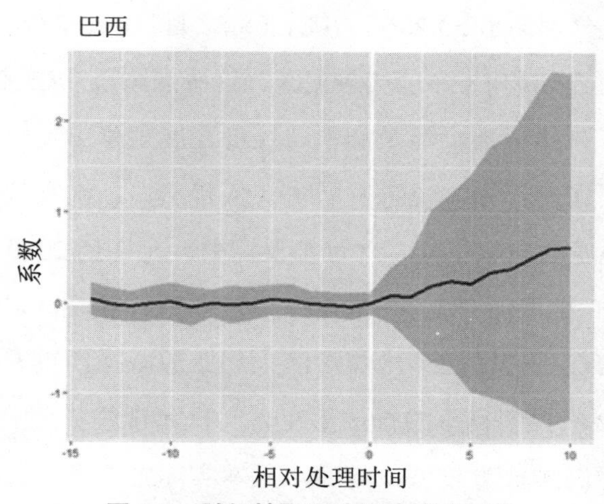


**图 3.7　随机抽取实验组的检验结果**

## 3.4.4　《京都议定书》的政策效果

表 3.6 展示了附件 B 国家《京都议定书》生效之后的累计减排量，可以反映《京都议定书》对不同附件 B 国家的政策效果。整体上看，对绝大部分国家而言（约占实验组国家总数的 82%），《京都议定书》可以实现 $CO_2$ 排放总量的减少，但对少数国家而言，其政策效果并不显著。这主要是由于不同国家执政党对气候变化的态度、自身减排能力等条件存在差异，导致其实施政策的强度和力度也不同。对荷兰、波兰、西班牙、英国、意大利、德国等欧盟成员国，减排效果明显。这主要得益于欧盟对气

候变化问题的积极态度。长期以来，欧盟是全球气候变化行动的主要推动力量。2019 年 12 月，欧盟委员会公布了应对气候变化、可持续发展的“欧洲绿色协议”，提出在 2050 年前实现“碳中和”。这一目标被写入了《欧洲气候法》，确立了这一目标的法律地位。《京都议定书》对伞形集团碳减排作用明显不足。比如，对澳大利亚、希腊、爱尔兰、日本、立陶宛、新西兰 6 个国家而言，《京都议定书》约束下的排放量反而比无政策干预下的排放量大，分别高出 53.28 百万吨、38.82 百万吨、8.04 百万吨、68.40 百万吨、23.03 百万吨和 13.95 百万吨 $CO_2$。这些国家虽然在《京都议定书》机制下被分配了减排任务，但是从本国经济发展角度出发缺乏减排意愿。澳大利亚作为资源型国家，经济发展主要依赖出口，温室气体排放总量不高，因此与其他发达国家不同，《京都议定书》允许到 2010 年，澳大利亚的排放量比 1990 年增加 8%。模型模拟结果表明，气候协定设置的约束与澳大利亚真实情况不符，应该增加对澳大利亚的减排约束。对日本而言，2011 年以前，合成控制日本的排放量在真实日本排放量之上，说明《京都议定书》约束下的排放量较低；随后，日本实际排放量超过合成控制日本的排放量，气候协定的约束作用开始弱化。

**表 3.6　2005—2014 年附件 B 各国累积减排量**

| 序　号 | 国　家 | 减 排 量 | 序　号 | 国　家 | 减 排 量 |
|---|---|---|---|---|---|
| 1 | 澳大利亚 | –53.28 | 12 | 法国 | 150.49 |
| 2 | 奥地利 | 268.75 | 13 | 英国 | 759.56 |
| 3 | 比利时 | 267.80 | 14 | 希腊 | –38.82 |
| 4 | 保加利亚 | 343.06 | 15 | 克罗地亚 | 62.91 |
| 5 | 瑞士 | 65.42 | 16 | 匈牙利 | 113.58 |
| 6 | 捷克共和国 | 167.30 | 17 | 爱尔兰 | –8.04 |
| 7 | 德国 | 1196.61 | 18 | 冰岛 | 3.17 |
| 8 | 丹麦 | 270.28 | 19 | 意大利 | 1306.95 |
| 9 | 西班牙 | 602.12 | 20 | 日本 | –68.40 |
| 10 | 爱沙尼亚 | 62.10 | 21 | 立陶宛 | –23.03 |
| 11 | 芬兰 | 477.68 | 22 | 卢森堡 | 82.53 |

续表

| 序　号 | 国　家 | 减 排 量 | 序　号 | 国　家 | 减 排 量 |
|---|---|---|---|---|---|
| 23 | 拉脱维亚 | 11.51 | 29 | 罗马尼亚 | 833.76 |
| 24 | 荷兰 | 604.41 | 30 | 俄罗斯 | 844.98 |
| 25 | 挪威 | 112.75 | 31 | 斯洛伐克 | 58.62 |
| 26 | 新西兰 | –13.95 | 32 | 斯洛文尼亚 | 7.73 |
| 27 | 波兰 | 1117.13 | 33 | 瑞典 | 171.42 |
| 28 | 葡萄牙 | 24.58 | 34 | 乌克兰 | 130.82 |

注：减排量为反事实国家碳排放量与真实国家碳排放量的差，单位是百万吨二氧化碳。

为了指导后续减排目标的制定，本节以《京都议定书》政策效果为基础，计算得到关于各国碳排放的系数 $\beta$，根据共享社会经济发展路径的“中等路径（SSP2）”预测的附件 B 各国未来年份经济发展水平，估算出《京都议定书》附件 B 国家 2030 年和 2050 年的排放水平（表 3.7）。碳排放量预测结果显示，对澳大利亚、希腊、爱尔兰、日本、立陶宛、新西兰 6 个实际排放量大于反事实国家排放量的国家而言，2030 年碳排放量预计达到 732.81 百万吨、126.72 百万吨、62.96 百万吨、1535.73 百万吨和 18.49 百万吨 $CO_2$。2015 年近 200 个缔约方签署了《巴黎协定》，并根据自身减排能力和未来减排潜力设置了 2030 年的减排目标。根据澳大利亚提交给 UNFCCC 的国家自主减排贡献目标，其 2030 年碳排放量约为 411.95 百万吨 $CO_2$，比《京都议定书》的政策力度提高了 44%；按照日本的 NDC 目标，其 2030 年碳排放量约为 1019.97 百万吨 $CO_2$，相比延续《议定书》政策水平的排放量减排了 34%；俄罗斯 NDC 排放量约为 2265.35 百万吨 $CO_2$，其减排力度相比《议定书》水平提高了 28%。但是，新西兰的 NDC 排放量反而比延续《议定书》政策水平的排放量增加了 15.6%，说明 NDC 目标缺乏诚意，应在现有基础上加大减排贡献。这也在一定程度上说明了国际气候协定的延续性和连贯性较弱，在制定未来减排方案时存在另起炉灶、不考虑前期气候协定政策效果的情况。模拟结果可为 2023 年《巴黎协定》国家自主减排贡献目标的盘点和 2025 年缔约方 NDC 目标的更新提供决策支持。表 3.7 展示的附件 B 国家 2050 年排放量可为缔约方中长期减排方案的制定提供参考。本书第 4 章对《巴黎协定》各缔约方提交的国家自主减排贡献进行了核算，附录 E 展示了核算结果。通过对比附录 E 和表 3.7 的结果，可以评价气候协议的连续性，并为气候协定改进方向提供量化方案。

表 3.7 附件 B 国家 2030 年和 2050 年碳排放量

| 序号 | 国　家 | 2030 年 | 2050 年 | 序号 | 国　家 | 2030 年 | 2050 年 |
|---|---|---|---|---|---|---|---|
| 1 | 澳大利亚 | 732.81 | 1088.38 | 18 | 冰岛 | 5.23 | 8.73 |
| 2 | 奥地利 | 61.87 | 82.91 | 19 | 意大利 | 371.12 | 478.21 |
| 3 | 比利时 | 121.12 | 176.01 | 20 | 日本 | 1535.73 | 1714.56 |
| 4 | 保加利亚 | 22.92 | 44.53 | 21 | 立陶宛 | 18.49 | 23.43 |
| 5 | 瑞士 | 52.16 | 72.93 | 22 | 卢森堡 | 4.17 | 5.62 |
| 6 | 捷克共和国 | 179.76 | 281.12 | 23 | 拉脱维亚 | 11.25 | 14.81 |
| 7 | 德国 | 905.33 | 1139.95 | 24 | 荷兰 | 149.98 | 204.79 |
| 8 | 丹麦 | 30.26 | 42.21 | 25 | 挪威 | 48.29 | 64.22 |
| 9 | 西班牙 | 319.00 | 409.10 | 26 | 新西兰 | 53.32 | 81.18 |
| 10 | 爱沙尼亚 | 21.12 | 32.23 | 27 | 波兰 | 375.39 | 494.18 |
| 11 | 芬兰 | 14.30 | 19.73 | 28 | 葡萄牙 | 73.02 | 101.30 |
| 12 | 法国 | 126.30 | 179.36 | 29 | 罗马尼亚 | 14.81 | 20.20 |
| 13 | 英国 | 617.30 | 866.46 | 30 | 俄罗斯 | 3134.82 | 4447.03 |
| 14 | 希腊 | 126.72 | 179.76 | 31 | 斯洛伐克 | 20.92 | 29.79 |
| 15 | 克罗地亚 | 20.15 | 25.70 | 32 | 斯洛文尼亚 | 22.13 | 31.52 |
| 16 | 匈牙利 | 57.94 | 83.77 | 33 | 瑞典 | 51.71 | 75.40 |
| 17 | 爱尔兰 | 62.96 | 90.85 | 34 | 乌克兰 | 574.25 | 980.30 |

注：碳排放量单位为百万吨 $CO_2$。

## 3.5 结论及政策启示

气候协定是规定和指导缔约方行动的有效方式，是气候治理的法律和机制保障。国际协定对减缓温室气体排放而言是否有效始终存有争议。美国的拒绝参与以及欠发达国家所表现出来的十分有限的参与程度对气候方案的有效性会产生不利影响。本章基于广义合成控制法（GSC），在“反事实”思想框架下建立了“自上而下”的气候协定有效性评价模型，并将其应用到《京都议定书》有效性评估中。通过将附件 B 国家实际二氧化碳排放路径与“反事实”附件 B 国家排放路径进行对比，量化了《议定书》的政策效果。随后，以此实际政策效果为依据，设置附件 B 国家 2030 年和 2050 年温室气体排放目标，在考虑气候协定连贯性的基础上，提出未来气候协定努力的方向。本章主要结论如下。

（1）整体上看，《京都议定书》对于减缓和控制附件 B 国家的碳排放量而言具有一定的积极作用。《议定书》的实施使得附件 B 国家的整体碳排放量比不加入《议定书》减少了约 19%。附件 B 中超过 71% 的国家真实排放量小于“反事实”国家排放量，其中，荷兰、波兰、西班牙、英国、意大利、德国等欧盟成员国《议定书》减排效果突出。这主要得益于欧盟对气候变化问题的积极态度。2005—2014 年期间，意大利的累计二氧化碳减排总量约为 1307 百万吨，居附件 B 国家首位；其次是德国和波兰，分别为 1197 百万吨和 1117 百万吨二氧化碳。日本和新西兰没有减排效果，其“反事实”排放量反而比实际排放量高出了 68 百万吨和 14 百万吨二氧化碳。政策效果不足可能是日本和新西兰与加拿大、俄罗斯等国家一道相继退出《议定书》第二期承诺，拒绝继续履约的原因之一。这些国家给出的主要“退群”理由是《议定书》没有量化中国、印度等发展中国家排放大国的减排责任。美国的拒绝加入这也是影响他们继续履约的重要因素之一。《议定书》是对发达国家减排唯一有法律约束力的条约，但是漫长的利益拉锯导致约束力被削弱，《议定书》逐渐从法律条约沦为政治承诺。

（2）《京都议定书》设置的减排目标与部分国家减排能力不匹配。无法激发参与方内在减排意愿。气候协定签署与否与减排行动开展与否不存在必然联系。比如，澳大利亚，其真实排放量始终高于“反事实”排放量，气候协定没有起到减排作用。与其他发达国家不同，《议定书》允许澳大利亚 2010 年的温室气体排放量比 1990 年增加 1%。虽然经过谈判和妥协签署《议定书》，但过于软弱的减排约束反而滋长了其温室气体排放量的增加。研究结果表明该约束过于“宽容”，后期气候协定对澳大利亚的约束力度应当进一步提高。

（3）按照《京都议定书》政策效果，根据澳大利亚、日本、俄罗斯等国提交给 UNFCCC 的国家自主减排贡献目标（NDC），相比延续《议定书》政策水平力度均有所提高，分别为 44%、34% 和 28%；新西兰的 NDC 排放量反而比延续《议定书》政策水平的排放量增加了 15.6%，说明新西兰的 NDC 目标缺乏诚意。这也在一定程度上说明了国际气候协定的延续性和连贯性较弱，在制定未来减排方案时存在另起炉灶、不考虑前期气候协定政策效果的情况。

基于上述结论，本章得出以下几点政策启示。

（1）气候协定应满足充分参与、兼顾差异的基本要求。《京都议定书》存在的主要问题是发达国家的非一致参与以及发展中国家的有限参与，这种设置激化了发达国家内部、发达国家与发展中国家之间的矛盾，影响政策效果。未来气候协定的设置需要更加关注减排主体在经济社会发展阶段、政治规划周期、资源禀赋、技术发展水平等方面的差异，更加侧重激发缔约方内在减排意愿。

（2）减排目标设置应保持连续性和稳定性。气候协定达成之路崎岖而又充满波折，得之不易的谈判成果不应被摒弃。虽然“巴厘路线图”决定开始“双轨”谈判并推动了“自下而上”型全球气候治理新机制《巴黎协定》的达成，然而，另起炉灶设置新的气候协定的同时应该考虑前期气候协定的政策效果。在此基础上，为各缔约方减排目标的设置提供参考依据。

（3）气候协定在量化减排目标之外，应采取行动，尽可能提高各方对气候变化问题严重性的认知程度，激发内在减排动力。《京都议定书》对欧盟成员国的减排效果显著，对澳大利亚等伞形集团国家减排效果不显著，反映出“自上而下”的硬约束只是一个方面，各缔约方对待减排的态度积极与否直接影响气候协定的政策效果。

## ◉ 3.6　本章小结

传统经济学理论认为，解决气候变化这样的全球环境外部性问题需要国际合作。但是事实却恰恰相反，虽然美国没有加入《京都议定书》，附件 B 国家在缺少发展中国家承诺、环境效果不明显，又有经济代价的前提下接受了减排目标。本章在此现实背景的驱动下，构建“自上而下”的气候协定有效性评估模型，量化评估了气候协定的政策效果，回答了“自上而下”的强制性协议对于缔约方而言是否有减排效果、根据前期气候协议未来减排目标如何设置等关键科学问题。在此过程中，区别于已有研究基于现实世界的判断，采用“反事实”思路进行分析；并以气候协定政策效果为变量，预测未来排放路径。在保存了政策的连贯性和稳定性基础上，为缔约方减排目标的设置提供决策参考。

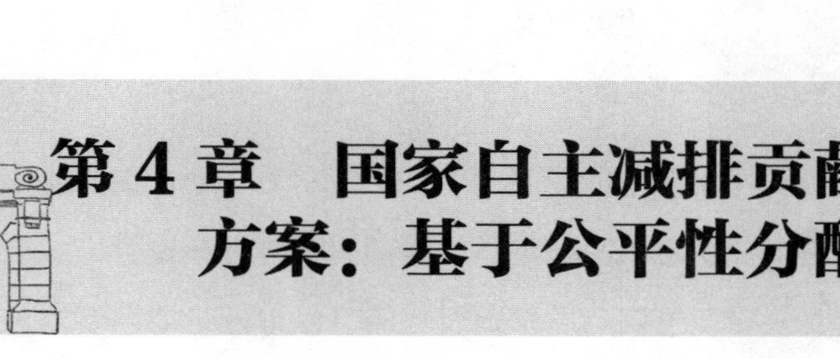

# 第 4 章　国家自主减排贡献改进方案：基于公平性分配准则

# ◉ 4.1 引　言

《京都议定书》开创了“自上而下”全球气候治理机制。正如第 3 章的分析和讨论，《议定书》固定排放限额的减排目标设置方式造成了不利后果，其是否有效存在争议。后京都时代的气候治理，逐渐开始关注具体国情的差异和对个体国家的激励。2005 年 12 月通过的《巴黎协定》将 197 个缔约方减排承诺嵌入国际气候治理体系中，搭建了一个全球气候范围内“更加现实可行”的框架 [126]，开创了“自下而上”的全球气候治理新范式。

与原有强制量化减排责任的《京都议定书》相比，《巴黎协定》在一定程度上弱化了减排力度。联合国环境规划署（UNEP）在综合大部分评估研究结果的基础上形成了《2018 年排放差距报告》，指出按照现有国家自主减排贡献（NDC）方案进行减排，仅能达到 2℃温控目标要求减排量的三分之一 [127]。虽然缔约方提交的减排目标距离长期温控目标仍存在差距，但如若没有 NDC 目标的实施，中值气候响应的 2100 年全球地表平均温度将比 1850 年至 1900 年期间的平均值高出 3.7℃～4.8℃，大大超出地球生态系统和人类社会能够承受的安全阈值 [128]。虽然减排力度有限，但作为历史上参与度最广的通过和平谈判方式达成的协议，《巴黎协定》仍是现阶段反映国家减排态度和决定温控目标可能性的重要指标。

面对全球气候治理的紧迫性和复杂性，提高缔约方减排力度是《协定》通过之后面临的首要任务。若延迟提升 NDC 力度的行动，为实现长期气候目标，实现碳中和的时间需要提前近 20 年，后期减排的行动压力与气候风险将会进一步加大[129]。强调“自愿参与”的同时推动减排力度的不断提升，是《协定》“自下而上”减排机制的核心理念。《协定》第十四条对全球盘点机制做出了规定，以“定期更新”“周期性盘点”等动态评估制度解决努力程度不足的问题。同时指出，全球盘点应在公平性原则下开展，且需综合考虑最新科学研究进展。盘点的结果可为缔约方 NDC 的更新和强化提供支持。2018 年 1 月至 9 月，“塔拉诺阿对话”（Talanoa Dialogue，又作“2018 年促进性对话”）召开，评估各缔约方在实现长期目标过程中的集体进展，对全球盘点机制进行“预演习”。同年 12 月在波兰卡托维兹召开的联合国气候变化大会（COP24），形成了“一揽子机制”，明确了全球盘点应包括信息收集和准备、技术评估和高级别对话等步骤[130]。首轮全球盘点将在 2023 年举行，此后各方每 5 年提交一次 NDC，并且更新后的目标和行动需要比之前的更富有雄心（图 4.1）。但是，出于短期经济发展考虑，国家或地区可能拒绝增强短期行动力度，这对后巴黎时代全球气候治理提出了严峻挑战。

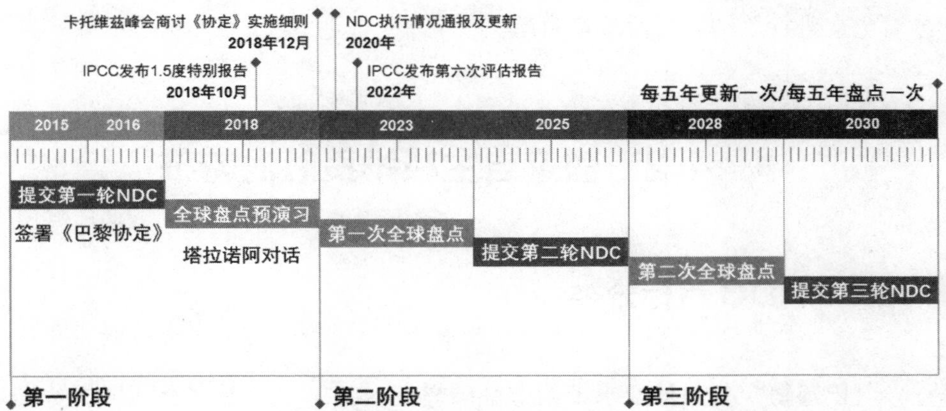


图 4.1　后巴黎时代全球气候治理动态评估时间安排

全球盘点“盘”的是缔约方的减排进展、“点”的是全球要实现的目标、“谈”的是通向目标的可能路径。在参与盘点之前，各方需要思考及回答“我们在哪儿？”（现状）“我们要去哪儿？”（目标）以及“我们如何去？”（路径）的问题，分别对应“NDC 排放量核算”“NDC 距离温控目标的排放差距”以及“现有 NDC 如何改进”三个科学问题。2℃和 1.5℃温控目标实际上已经限定了未来全球可用的排放空间，将有限的减排空间在国家之间进行分配，通过比较现有 NDC 与温控目标约束下的排放量之间的差距，可以实现 NDC 的横向评估并量化改进方向。当然，雄心勃勃的减排行动还需建立在实际减排能力的基础上。为充分考虑各方的异质性，通过比较现有 NDC 与各国按照照常发展情景（business-as-usual，BaU）排放量之间的差距，可以实现 NDC 的纵向评估并判断各方减排意愿，为减排能力较弱的国家提供“跳一跳够得着”的改进方案。本章在总结国际学界现有研究的基础之上，建立了国家自主减排贡献改进模型（climate governance assessment model-global climate treaty，$CGA\text{-}GCT_{Bottom\text{-}up}$），基于公平性分配方法评估了以《巴黎协定》为代表的“自下而上”气候协定的减排贡献，在此基础上设计了后巴黎时代各缔约方减排目标“两步”更新方案。第二部分归纳了现有 NDC 特征、分析了存在的问题；第三部分介绍了模型框架以及情景假设；第四部分讨论并分析了计算结果；第五部分对全文进行总结、得出政策启示。

## ◉ 4.2 国家自主减排贡献的特征

### 4.2.1 NDC 目标分类

《巴黎协定》虽然要求缔约方必须提交 NDC，但是为了体现“国家自主”原则，对提交的内容没有硬性要求。因此，NDC 的编制结构无统一标准，各方提交的方案各有侧重。主要体现在温室气体减排目标类型多样、涵盖的部门和温室气体类型相异、目标年和基准年选择不一致等方面。部分缔约方提供了减排区间而非具体目标，更有甚者仅提出了减缓行动，对必要细节的表达言辞模糊，直接导致减排目标核算以及有效性评估存在障碍，对下一步的全球盘点提出了新的挑战。

在减排指标设计方面，超过 90% 的国家采用了与温室气体排放量（碳排放强度或绝对排放量）相关的指标，部分小国或者岛国采用了提升应对气候变化能力等适应性方面的表述；从减排指标的性质来看，超过 50% 的国家采用了在相对照常发展情景（business-as-usual，BaU）下的整体减排目标或者部门减排目标；在减排目标设定方面，超过 65% 的国家分别提出了无条件目标（unconditional）和有国际资金、技术支援以及国际支援之下的有条件目标（conditional），其中 72 个国家对所需资金进行了量化。根据各国提交的 NDC 文件 [131]，本章将减排目标归纳为六类：基准年目标（base year）；照常发展情景目标 BaU 目标；固定照常情景发展目标（fixed BaU）；强度目标（intensity）；固定目标（fixed target）以及行动目标（actions）（表 4.1）。总的来说，非附件 B 国家大部分同时提出有条件和无条件减排目标；刚果、中非等国仅提出了需要国际援助的有条件减排目标，且大部分是以 BaU 为基准的相对减排目标；一些发展较落后的国家尚无法估算出能够削减的排放量，有些国家仅提出减缓与适应的政策措施。发展中国家目前的经济发展水平等基本国情决定了他们难以展开量化的实质性减排，而只能开展相对 BaU 情景的减缓碳排放行动。

仅有分布在亚洲、中东和非洲以及拉丁美洲的 48 个国家在提交的 NDC 文件中给出了 BaU 情景的预测方法（附录 C），但均未提供用于预测的数据来源。这些国家大都采用能源系统模型进行预测。其中，11 个国家采用长期能源替代规划系统模型（long-rang energy alternatives planning system，LEAP）进行国家中长期能源供应与需求预测，并计算能源在流通和消费过程中的温室气体排放量；少数国家如前南斯拉夫马其顿共和国，采用能源市场分配模型（market allocation，MARKAL）；土耳其采用宏观经济计算模型（MACRO 模型）；吉尔吉斯斯坦采用 SHAKYR 模型；韩国等采用本国开发的 KEEI-EGMS 模型；吉布提、厄立特里亚和津巴布韦采用 GACMO 模型；其余国家未给出明确的用于能源系统预测的模型。除印度尼西亚、越南、安哥拉等 19 个国家明确提出 BaU 基准年之外，其余国家均未提供。

表 4.1　NDC 目标类型

| 目标类型 | 含　义 | 国家分布 | 是否可量化 |
|---|---|---|---|
| 相对基准年目标 | 以历史年为参照 | 欧洲 / 东亚 / 中亚 / 大洋洲 | √ |
| 固定照常发展情景目标 | 以经济照常发展情况下的排放预测为参照 | 南美洲 / 中美洲 / 非洲 / 南亚 | √ |
| 照常发展情景目标 | 未给出明确排放预测 | 东南亚 / 非洲 / 南美洲 / 中亚 | × |
| 碳强度目标 | 以碳排放强度的下降为目标 | 中国 / 印度 / 乌兹别克斯坦 / 马来西亚 / 突尼斯 / 智利 | √ |
| 相对给定排放水平目标 | 以不超过既定目标为参照 | 沙特阿拉伯 / 南非 / 贝宁 | √ |
| 行动目标 | 仅提供减排行动 | 南亚 / 非洲 / 南美洲 | × |

注：根据各缔约方提交至 UNFCCC 的 NDC 文本内容进行的整理和归纳。

### 4.2.2　NDC 存在的问题

现有 NDC 主要存在四个方面的问题。第一，多数发展中国家没有建立规范的温室气体统计核算体系，难以满足全球盘点和透明度需要的技术标准。第二，减排目标覆盖的温室气体种类不同。附件 B 国家的减排目标涵盖了《京都议定书》规定的温室气体（$CO_2$、$CH_4$、$N_2O$、HFCs、PFCs、$SF_6$ 和 $NF_3$），大多数非附件 B 国家的减排目标涵盖了 $CO_2$、$CH_4$ 和 $N_2O$ 等 3 种主要温室气体，少数国家仅涵盖了 $CO_2$。第三，目标年和基准年选择不一致。除美国和加蓬选择 2025 年，其他缔约方均以 2030 年作为目标年；大多数缔约方选择 1990 年或 2005 年为基准年，而墨西哥和日本选择 2013 年、加蓬选择 2000 年作为基准年。第四，减排目标类型不同。目前超过 60% 的缔约方以 BaU 情景下的温室气体排放量为减排参照。但是，各缔约方和国际学界均未能给出 BaU 情景的清晰界定，这直接构成了定量分析 NDC 目标的重要阻碍。

## 4.3　国家自主减排贡献改进模型

本节将从两个方面介绍国家自主减排贡献改进模型。首先介绍模型的研究思路，然后介绍建模过程。

### 4.3.1　研究框架

图 4.2 展示了国家自主减排贡献改进模型的研究框架。首先，为解决现有 NDC 编制方式不一致、BaU 界定不清晰的问题，构建“基于强度准则”的 NDC 盘点模型，根据相关数据的可获得性，以 134 个缔约方为研究对象，按照“多气体、多情景、多尺度”原则，预测各方未来年份的碳强度变化，进而核算了目标年国家层面的 NDC 排放数据，并将其与各方 BaU 情景下的排放数据对比，评估了缔约方减排诚意；进一步地，采用气候变化综合评估模型模拟全球合作减排情景下的 2℃和 1.5℃温控目标最优排放路径，将 NDC 目标排放量与之对比，评估现有 NDC 与《协定》长期目标之间的差距；最后，在公平性原则指导下，开发排放空间降尺度模型，将给定的排放空间在国家间进行分配，将分配结果与国家提出的 NDC 对比，从而评估和比较各国的减排力度。以此为基础，设计了缔约方“温和渐

进”“雄心勃勃”的两步 NDC 改进策略。研究结果可为 2020 年 NDC 目标的更新、2023 年全球盘点和未来的温室气体减排的精细化管理提供决策支持。本章研究思路如图 4.2 所示。

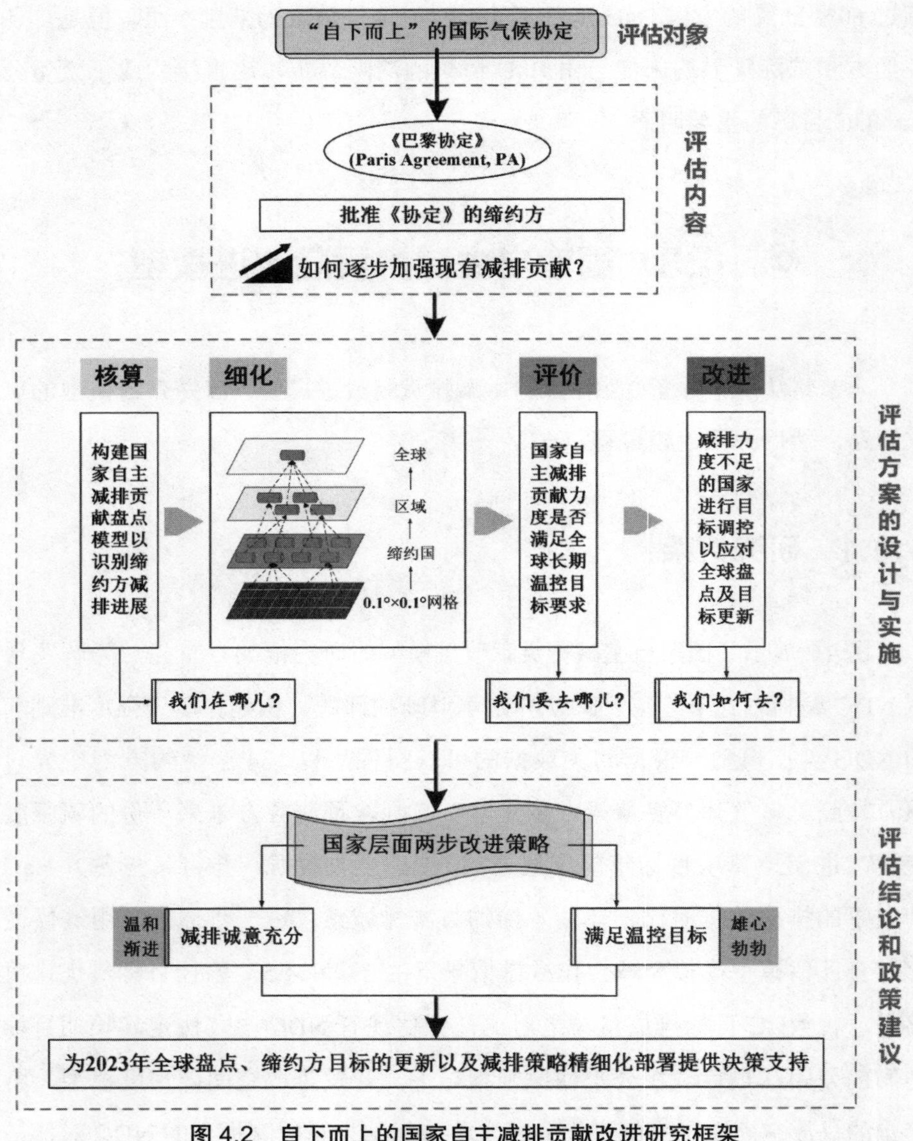


图 4.2 自下而上的国家自主减排贡献改进研究框架

### 4.3.2　模型构建

本节将从模型构建思路以及情景设置两个方面介绍国家自主减排贡献盘点及评估模型。具体建模步骤和计算思路如下。

**步骤一：**开发“基于强度准则”的 NDC 盘点模型。构建基于收敛理论的碳强度影响因素模型与考虑各国差异的温室气体强度（包括 $CO_2$、$CH_4$、$N_2O$ 等三种主要温室气体）预测模型，并应用模型对各国温室气体强度进行降速差异比较分析与未来预测。根据强度预测结果，核算各缔约方现有政策情景（现有 NDC 目标约束，PaU）下的温室气体排放量，将其与 BaU 情景下的排放量对比，以此为依据评估各缔约方减排诚意，并针对努力不足的国家提出 NDC 更新的下限，即体现充分减排诚意的一步改进策略。

**步骤二：**采用中国气候变化综合评估模型模拟全球合作减排机制下，可以同时实现温控目标和经济收益的减排方案，提出能够实现各国合作共赢的最优气候治理策略。将 NDC 目标排放量与模拟出来的 2℃和 1.5℃温控目标约束下的温室气体排放路径对比，评估现有 NDC 与《协定》长期目标之间的差距。

**步骤三：**开发“基于公平性准则的排放空间降尺度模型”，从“责任”“能力”和“平等”三个视角出发确定责任分摊规则；选择“平等主义原则”“支付能力原则”以及“历史责任原则”作为具体指标，确定各缔约方综合权重。然后将各区域 NDC 目标与长期温控目标之间的排放差距分摊至国别单位，针对各缔约方提出 NDC 目标更新的上限，即满足温控目标要求的两步改进策略。进一步地，选取夜间灯光数据作为代理变量、GDP 和人口作为直接影响因子，构建温室气体网格化模型，将 2030 年国家尺度的 NDC 排放量降尺度至网格层面，构建“NDC 排放目标 10km×10km 网格数据库”。

### 1. 中国气候变化综合评估模型

《议定书》之后，气候变化的焦点转向经济层面，即温室气体减排的代价有多大、技术上是否可行。回答这些复杂的科学问题需要综合评估模型。近年来，应对气候变化研究对耦合“地球系统模式”“脆弱性，影响和适应评估”和“综合评估”模型的需求越来越强烈。$C^3$IAM 模型实现了“海—陆—气—冰—生多圈层耦合”地球系统模式和社会经济系统的双向耦合。$C^3$IAM 模型现有版本包括“全球多区域经济最优增长模型——$C^3$IAM/EcOp”“全球多区域经济最优增长模型——$C^3$IAM/GEEPA”“中国多区域能源与环境政策分析模型——$C^3$IAM/MR.CEEPA”“北京气候中心气候系统模型——$C^3$IAM/BCC_CSM”“生态和土地利用模型——$C^3$IAM/EcoLa”“国家能源技术模型——$C^3$IAM/NET”和“气候变化损失模型——$C^3$IAM/Loss”7 个子系统，能够模拟全球及各区域长期社会经济系统、能源系统、生态系统和气候系统的变化，评估气候政策的长期影响。模型框架参见附录 D。本章使用的温控目标下的排放空间来自全球多区域经济最优增长模型 $C^3$IAM/EcOp 模块的模拟。$C^3$IAM/EcOp 是基于最优经济增长理论建立的，由经济和气候两个模块组成。建模思路及模型细节详见参考文献 [53]，$C^3$IAM 和 $C^3$IAM/EcOp 模型框架参见附录 D。

$C^3$IAM/EcOp 模型包含经济模块和气候模块。经济模块的基础是新古典经济增长模型（Ramsey），通过权衡投资与消费实现社会福利最大化。假设全球合作减排，此时目标函数是全球福利，根据不同区域福利的加权总和得到

$$\text{Max}\, W = \sum_i \varphi_i U^i \tag{4.1}$$

公式（4.1）中，$i$ 表示区域；$\varphi_i$ 为不同区域的社会福利权重；$U^i$ 表示区域 $i$ 的社会福利。由公式（4.2）计算得到

$$U^i = \int_0^\infty L_i(t)\,\text{Ln}\left(\frac{C_i(t)}{L_i(t)}\right)\text{e}^{-\delta t}\text{d}t,\ i = 1, 2, \cdots, n \tag{4.2}$$

式中，$t$ 表示时间；$L_i(t)$ 和 $C_i(t)$ 分别表示区域 $i$ 的人口和消费；$\delta$ 为贴现率。C³IAM/EcOp 模型的社会经济模块以最优经济增长模型为基础，核心公式如（4.3）至公式（4.6）所示。

$$Q_i(t)=A_i(t)K_i(t)^{\gamma}L_i(t)^{1-\gamma} \tag{4.3}$$

$$Y_i(t)=\Omega_i(t)Q_i(t) \tag{4.4}$$

$$C_i(t)=Y_i(t)-I_i(t) \tag{4.5}$$

$$\dot{K}_i(t)=I_i(t)-\delta_K K_i(t) \tag{4.6}$$

公式（4.3）是 Cobb-Douglas 生产函数。式（4.3）中，$Q_i(t)$ 表示区域 $i$ 在 $t$ 时期的经济总产出；$A_i(t)$ 和 $K_i(t)$ 分别表示区域 $i$ 在 $t$ 时期的技术进步参数和资本存量；$\gamma$ 是资本份额参数。公式（4.4）表示净产出 $Y_i(t)$。$\Omega_i(t)$，$I_i(t)$，$\delta_K$ 分别表示调节系数、投资和折旧率。调节系数是关于气候损失和减排成本的函数。净产出的主要去向为消费 $Y_i(t)$ 和投资 $I_i(t)$，如公式（4.5）所示。$\dot{K}_i(t)$ 表示投资带来的资本存量的增加。

C³IAM/EcOp 模型的气候模块在已有研究的基础上，描述了从温室气体排放到温室气体浓度，再到辐射强迫，最后影响大气温度的物理过程，如公式（4.7）至公式（4.15）所示。

$$E_i(t)=[1-\mu_i(t)]\sigma_i(t)Q_i(t)+E_i^{\text{land}}(t),0\leqslant\mu_i(t)\leqslant 1 \tag{4.7}$$

$$M_i(t)=\sum_{s=0}^{t}\left[E_i(s)\left(\alpha_0+\sum_k \alpha_k e^{\frac{s-t}{\tau_k}}\right)\right] \tag{4.8}$$

$$\dot{T}_1(t)=\varepsilon_{11}T_1(t)+\varepsilon_{12}T_2(t)+\varepsilon_3 F(t) \tag{4.9}$$

$$\dot{T}_2(t)=\varepsilon_{22}\left[T_2(t)-T_1(t)\right] \tag{4.10}$$

$$F(t)=\eta_1\ln\left[\sum_{i=1}^{n}M_i(t)+\text{NAT}\right]-\eta_2-O(t) \tag{4.11}$$

$$\Omega_i(t)=\left[1-AC_i(t)\right]\left[1-D_i(t)\right] \tag{4.12}$$

$$D_i(t)=1-\frac{1}{1+a_{1,i}T_1(t)+a_{2,i}T_1(t)^2} \tag{4.13}$$

$$\mathrm{AC}_i(t)=b_{1,i}(t)\mu_i(t)^{b_{2,i}} \tag{4.14}$$

$$b_{1,i}(t)=p(1-g)^{t-1}\frac{\sigma_i}{b_{2,i}} \tag{4.15}$$

公式（4.7）中，$E_i(t)$表示区域$i$在$t$时期的温室气体排放量，包括$CO_2$、$CH_4$和$N_2O$ 3种主要温室气体；$\mu_i(t)$ 和$\sigma_i(t)$分别表示减排率和温室气体强度；$E_i^{\text{land}}(t)$为土地利用排放量。公式（4.8）中，$M_i(t)$是温室气体浓度，$\alpha_k(t)$和$\tau_k$分别表示脉冲响应函数中每个周期的系数。公式（4.9）、公式（4.10）中，$T_1(t)$ 和$T_2(t)$表示地表和深海的全球平均温度。公式（4.11）表示温室气体浓度引起的辐射强度的变化。公式（4.11）中，$F(t)$ 为第$t$年的辐射强迫；NAT 恒定的温室气体浓度。公式（4.13）和公式（4.14）分别计算了经济产出中的气候损失占经济总产出的比重$D_i(t)$和减排成本占经济总产出的比重$\mathrm{AC}_i(t)$；公式（4.15）中，$b_{1,i}(t)$为后备技术的成本系数，随时间变化逐年下降。

## 2. 基于强度准则的 NDC 盘点模型

可测量才可监管。评估减排目标的首要前提是科学核算，NDC 减排目标核算的不确定性来自于对 BaU 情景的界定。通常会使用 BaU 情景作为减排基准的，大多是发展中国家。发展中国家人口增加迅速、产业扩张快、经济发展旺盛，由此导致能源消费量增加迅速且难以被准确估计。由于 BaU 情景与国家经济发展和历史碳排放水平相关，碳排放强度可以很好地刻画经济发展与碳排放的关系。因此，本章以碳强度为纽带，基于“多气体、多情景、多尺度”原则，开发了根据强度准则的 NDC 核算方法，建立了一套全球—区域—国家—网格的定量动态 NDC 排放数据库，以获得较为可靠、精准的 NDC 目标估算。计算过程如图 4.3 所示。

以往研究对碳强度假设过强，为了更精确地预测未来各国碳强度变化。本章构建了碳强度影响因素模型和预测模型。首先，根据公式（4.16），建立温室气体的排放强度（ins）变化影响因素模型。

$$\ln\left(\text{ins}_{ijt}\right)=\alpha_j+\alpha_{ij}+\beta_{jt}+\gamma_j\ln\left(\text{ins}_{ij,t-\tau}\right)+\eta_j\ln\left(Y_{it}\right)+\varepsilon_{ijt} \tag{4.16}$$

公式（4.16）中，$i$、$j$ 和 $t$ 分别表示第 $i$ 个缔约方、第 $j$ 种温室气体在第 $t$ 年的排放强度，温室气体包括 $CO_2$、$CH_4$ 和 $N_2O$ 3 种；$\tau$ 是滞后的年数（一般取 4 ～ 5），本章将滞后项设置为 5 以减少短期变化带来的影响；$ins_{ijt}$ 指第 $i$ 个缔约方、第 $j$ 种温室气体在第 $t$ 年的排放强度；$\alpha$ 是常数项；$\alpha_{ij}$ 和 $\beta_{jt}$ 分别表示各缔约方固定效应和时间固定效应，均不可观测；$Y_{it}$ 表示第 $i$ 个缔约方在第 $t$ 年 GDP；$\gamma_j$ 和 $\eta_j$ 是待估参数；$\varepsilon_{ijt}$ 是随机误差项。各缔约方固定效应 $\alpha_{ij}$ 反映国家之间现有的不随时间变化的差异，如资源禀赋、政府监管措施、其他规章制度等；时间固定效应 $\beta_{jt}$ 反映了随时间变化且在国家之前没有差异的因素。根据公式（4.17），预测时间固定效应（$\beta_{jt}$）。

$$\begin{aligned}\beta_{jt}=\beta_{0j}+\beta_{1j}t+\beta_{2j}\left(t-1980\right)\times 1\left(t\geqslant 1980\right)\\+\beta_{3j}\ln\left(t-1060\right)1\left(t\geqslant 1960\right)\end{aligned} \tag{4.17}$$

本章综合现有时间固定效应模型，根据模型效应的替代规范进行拟合，用以预测时间固定效应。引入线性对数函数，假设 1980 年之前的增速与 1980 年之后的增速不同，且在 1960 年之后呈现对数增长趋势。对原始模型进行估计时，这种替代时间固定效应具有相同的拟合优度。

根据公式（4.18），计算得到不同共享社会经济发展情景（SSP）下缔约方 2030 年 BaU 情景的排放量（$E_{is,2030}$）。

$$E_{is,2030}=\text{GDP}_{is,2030}\times\text{ins}_{is,2030} \tag{4.18}$$

公式（4.18）中，$\text{GDP}_{is,2030}$ 指的是 2030 年第 $i$ 个缔约方在第 $s$ 种 SSP 下的 GDP；$\text{ins}_{is,2030}$ 表示 2030 年第 $i$ 个缔约方在第 $s$ 种 SSP 下的温室气体排放强度。

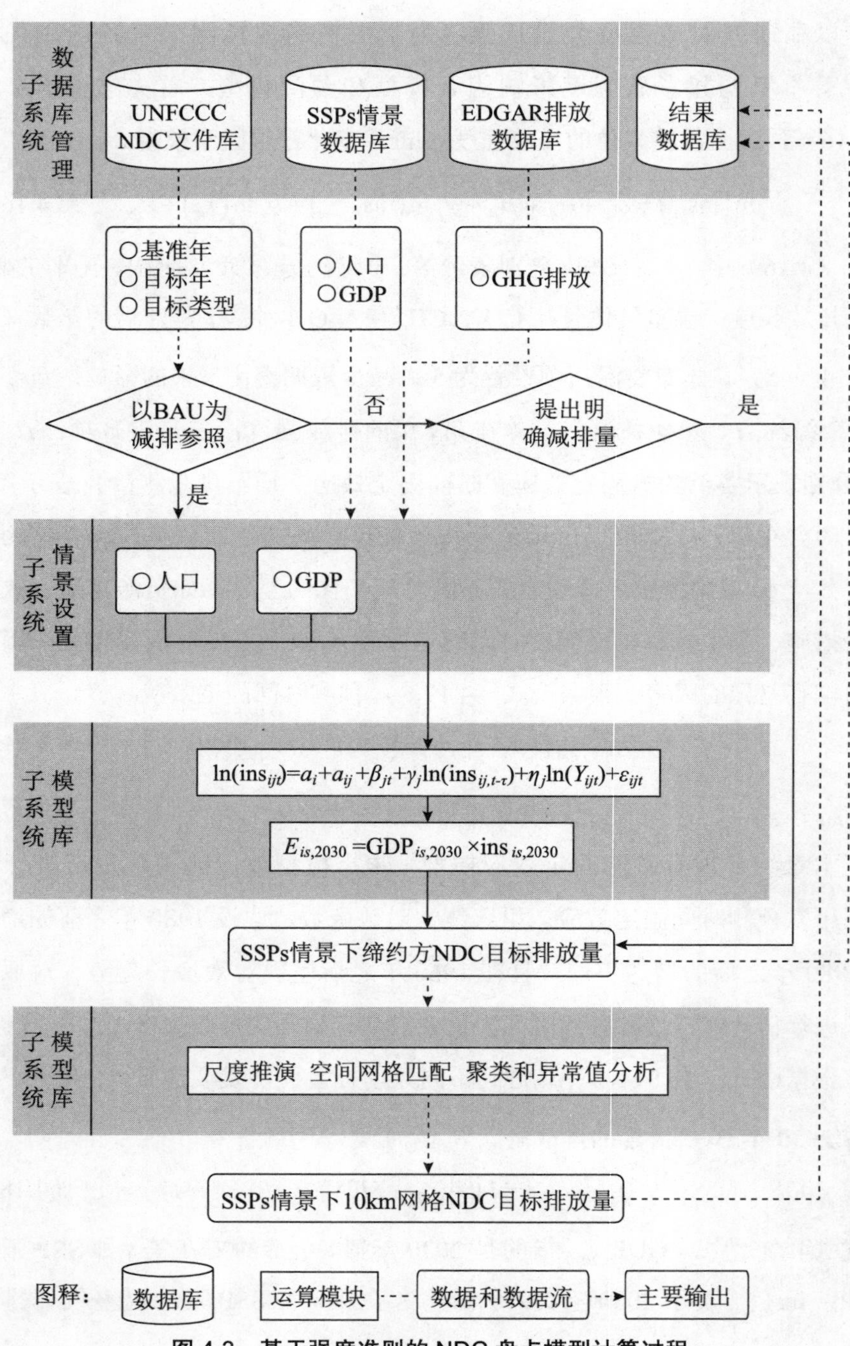


图 4.3 基于强度准则的 NDC 盘点模型计算过程

### 3. 基于公平性准则的排放空间降尺度模型

以往关于 NDC 改进方案的研究，大多停留在全球或区域层面。然而，减排目标的执行主体是缔约方，改进方案落实到国别层面才有实际操作意义。如何公平地分配国家之间的减排责任始终是应对气候变化的核心问题。基于公平性分配准则的气候协定评估方法，是一种将既定排放空间，根据不同分配原则在国家之间分配，从而进行气候协定评估的方法。由于各国之间对气候变化的易损性、历史责任以及对温室气体减排成本的承受能力都有很大差别，单一原则很难解决“共同但有区别的责任”这一问题，综合多种原则的分配方案更有希望被国际社会接受。本章在公平性原则指导下，综合现有的主流责任分担原则，构建每个区域的综合权重 $\omega_i$。其中既包括发达国家支持的祖父原则，也包括发展中国家支持的历史责任原则；同时涵盖了支付能力和人均分配原则。然后，将综合权重用于区域减排差距在国家间分配，以提高分配结果的公平性。具体而言，从“责任”“能力”和“平等”3 个视角出发确定责任分摊规则；选择“平等主义原则”“支付能力原则”以及“历史责任原则”作为具体指标，确定各缔约方综合权重。

$$\text{GapRate}_i^s = \text{GapRate}_R^s \times \omega_i \text{ , } \forall i \in R \text{ , } \sum_i \omega_i = 1 \tag{4.19}$$

$$\omega_i = f\left(\text{responsibility}, \text{capability}, \text{equality}\right) \tag{4.20}$$

$$\text{Gap}_i^s = \text{GapRate}_i^s \times \text{NDC}_i^s \tag{4.21}$$

公式（4.19）至公式（4.21）中，$\text{GapRate}_i^s$ 和 $\text{GapRate}_R^s$ 分别表示所属 $R$ 区域的 $i$ 缔约方现有 NDC 目标和温控目标 $s$ 之间的排放差距；$\omega_i$ 表示 $i$ 缔约方的综合权重；$\text{Gap}_i^s$ 和 $\text{NDC}_i^s$ 分别表示温室气体排放差距和现有 NDC 目标排放。

采用本书开发的多源数据融合算法（第 7 章）对缔约方温室气体排放量进行网格化处理。计算思路如下。首先，基于同一区域的夜间灯光数据与碳排放总量正相关的结论[166]，选取夜间灯光数据作为代理变量进行排放的网格化计算，选择 GDP 和人口作为直接影响因子。

$$Em_i\left(x,y,t\right)=Em\left(i,t\right)\times\left[\begin{array}{l}W_k\times\dfrac{\mathrm{Nlight}_i\left(x,y,t\right)}{\sum_{i=1}^{n}\mathrm{Nlight}_i\left(x,y,t\right)}+W_k\times\mathrm{Pop}_i\left(x,y,t\right)+\\W_k\times\mathrm{GDP}_i\left(x,y,t\right)\end{array}\right]\tag{4.22}$$

公式（4.22）中，$Em_i\left(x,y,t\right)$表示第 $t$ 年第 个区域第$\left(x,y\right)$个网格温室气体的排放量；$\mathrm{Nlight}_i\left(x,y,t\right)$为第 $t$ 年第 $i$ 个区域第$\left(x,y\right)$个网格夜间灯光强度值；$\mathrm{Pop}_i\left(x,y,t\right)$和$\mathrm{GDP}_i\left(x,y,t\right)$分别为网格尺度的人口数据和 GDP 数据；$Em\left(i,t\right)$表示第 $t$ 年第 $i$ 个区域温室气体排放总量，$W_k\left(k=1,2,3\right)$表示 3 个指标的权重系数（本章按等权重处理）。

$$\mathrm{Pop}_i\left(x,y,t\right)=\mathrm{Pop}\left(i,t\right)\frac{W_i\left(x,y,t\right)}{\sum_{i=1}^{n}W_i\left(x,y,t\right)}\tag{4.23}$$

$$W_i\left(x,y,t\right)=W_k\times\frac{C_{ik}\left(x,y,t\right)}{\sum_{i=1}^{n}C_{ik}}\left(x,y,t\right)\tag{4.24}$$

根据公式（4.23）和公式（4.24），可以得到每个网格的人口数量（人口网格化具体建模思路及计算过程见第 7 章）。公式（4.23）和公式（4.24）中，$W_i\left(x,y,t\right)$为第 $t$ 年第 $i$ 个区域第$\left(x,y\right)$个网格综合权重，$W_k$表示指标的权重系数；$Pop\left(i,t\right)$为第 $i$ 个区域第 $t$ 年总人口；$C_{ik}\left(x,y,t\right)$表示第 $t$ 年第 $i$ 个区域第 $k$ 种指标$\left(k=\mathrm{Nlight},\mathrm{Land},\mathrm{Slope},\mathrm{DEM},\mathrm{Waterway},\mathrm{Road}\right)$的值；$n$ 为第 $i$ 个区域网格总数。

$$\mathrm{GDP}_i\left(x,y,t\right)=\mathrm{GDP1}_i\left(x,y,t\right)+\mathrm{GDP23}_i\left(x,y,t\right)\tag{4.25}$$

$$\mathrm{GDP1}_i\left(x,y,t\right)=\mathrm{GDP1}_i\times\left[W_j\times\frac{\mathrm{Land}_{ij}\left(x,y,t\right)}{\sum_{i=1}^{n}\mathrm{Land}_{ij}\left(x,y,t\right)}\right]\tag{4.26}$$

$$\mathrm{GDP23}_i\left(x,y,t\right)=\mathrm{GDP23}_i\times\frac{\mathrm{Nlight}_i\left(x,y,t\right)}{\sum_{i=1}^{n}\mathrm{Nlight}_i\left(x,y,t\right)}\tag{4.27}$$

根据公式（4.25）、公式（4.26）和公式（4.27），可以得到每个网格的 GDP。公式（4.25）中，$\mathrm{GDP1}_i(x,y,t)$ 表示在第 $t$ 年第 $i$ 个区域第 $(x,y)$ 个网格与耕地、林地、草地、水域等 4 种土地利用数据相关的第一产业 GDP 的值。公式（4.26）中，$W_j\left(j=\mathrm{crop},\mathrm{forest},\mathrm{grass},\mathrm{water}\right)$ 表示四种土地利用类型的权重系数；$\mathrm{Land}_{ij}(x,y,t)$ 表示第 $t$ 年第 $i$ 个区域第 $(x,y)$ 个网格耕地、林地、草地和水域对应的面积。公式（4.27）中，$\mathrm{GDP23}_i(x,y,t)$ 在第 $t$ 年第 $i$ 个区域第 $(x,y)$ 个网格第二、三产业的产值。$\mathrm{Nlight}_i(x,y,t)$ 为第 $t$ 年第 $i$ 个区域第 $(x,y)$ 个网格夜间灯光强度值。GDP 网格化具体建模思路及计算过程见第 7 章。

### 4．区域划分方法

气候变化中的政治集团属性对各国 NDC 部分内容的设置具有较大影响，相同气候变化国家集团的缔约方在减缓目标形式的选择、适应目标及条件的提出上倾向做出相似的方案。按照地理位置和经济体量，考虑各国对待气候变化的态度，中国气候变化综合评估模型 $C^3$IAM 将全球划分为 12 个区域：欧盟、亚洲、东欧独联体、伞型集团、中东和非洲、其他欧洲发达国家、拉丁美洲。伞形集团指除欧盟以外的其他发达国家。中国、美国、日本、印度、俄罗斯这五个国家从所属区域中抽出，单独列出进行分析。其中，中国和印度是处于快速发展的人口大国；日本代表资源匮乏但又拥有先进低碳技术的国家；俄罗斯是重要的能源出口国；美国是全球最主要的经济体和碳排放国家。尽管美国于 2017 年宣布退出《巴黎协定》，土耳其也表达了重新考虑《协定》目标核准的态度，但退出流程需要 2020 年才能执行，因此，本章仍将两国作为研究对象；欧盟提出的 NDC 目标对英国仍然具有约束力，本章仍将英国作为欧盟成员进行分析（区域划分清单参见附录 A）。

### 4.3.3 情景设置及数据来源

#### 1. 情景设置

IPCC 从未来社会经济面临的适应和减缓气候变化挑战出发，确定了五种 SSP，每一个 SSP 代表了一类发展模式，既包含辐射强迫特征（RCP），又有相应的人口、GDP、技术生产率、收入增长率以及社会发展指标等定量数据，同时包括对社会发展程度、速度和方向的定性描述[127]。与 IPCC 1.5℃特别报告一致，本章选择 SSP2（中等发展路径）作为基准情景（图 4.4）。各地区未来人口和 GDP 的假设，来自 IIASA 的 SSP 情景数据库。

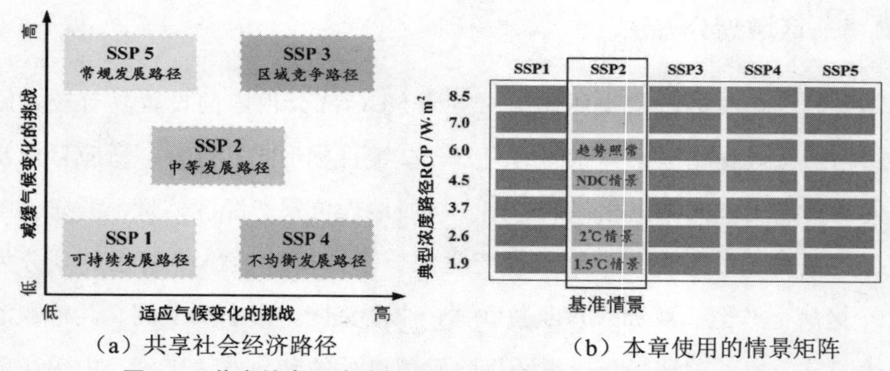

（a）共享社会经济路径　　（b）本章使用的情景矩阵

**图 4.4　共享社会经济路径（a）和本章使用的情景矩阵（b）**

《巴黎协定》明确了未来全球减排将以“自下而上”的国家自主贡献模式进行。由于全球气候资源的公共物品特性，“自下而上”的自愿承诺模式难免伴随着“免费搭车”的现象。因此，可在全球合作减排机制下探讨气候协定有效性评估以及减排策略改进，据此形成“自下而上”与“自上而下”集成的“混合机制”。情景设置考虑了四个方面，包括变暖阈值、低碳技术成本、气候损失和公平性原则。根据气候损失及低碳技术的相关研究，得到气候损失与低碳技术成本下降的基准值与上下限值。进而，根据基准值与上下限值构建不同水平的气候损失与低碳技术成本下降的组合情景，通过引入公平性原则来确定区域的社会福利权重。

### 2. 数据来源

模型使用的 NDC 相关数据（基准年、目标年、目标类型等）来自缔约方提交给 UNFCCC 的文件 [131]。碳强度影响因素模型使用 1950—2014 年国家或地区的面板数据，其中 GDP 和人口数据来自佩恩世界表（PWT9.0）[132]，排放数据来自全球大气排放研究数据库（EDGAR）[133]。碳强度预测模型需要用到未来人口和 GDP 数据，2015—2100 年的 GDP 数据来自社会共享经济路径中等发展路径 [134]，人口数据来自联合国（UN）[135]。由于黑山共和国、朝鲜、密克罗尼西亚等国数据存在缺失严重或无法获取等问题，不将其列入研究样本。根据《协定》规则，有条件减排目标约束下发展中国家承诺完成更多的减排量，但其实现需要国际社会的资金、技术支持，实际操作的限制条件过多，因此本章只考虑缔约方在 NDC 中设定的无条件减排目标。

## 4.4 结果分析与讨论

本节对国家自主减排贡献改进模型的研究结果进行了分析。主要包括缔约方 NDC 排放量的核算、现有 NDC 排放量与温控目标的差距、体现充分减排诚意的一步改进策略和满足温控目标的两步改进策略。

### 4.4.1 缔约方现有 NDC 目标排放量

本节首先采用温室气体的排放强度（ins）变化影响因素模型，分别预测了全球 134 个国家和地区 2015—2100 年的三种主要温室气体（即 $CO_2$、$CH_4$ 和 $N_2O$）强度。基于温室气体相对 $CO_2$ 的全球变暖潜力值（GWP），将三种气体强度加总，得到温室气体排放强度。$CO_2$、$CH_4$ 和 $N_2O$ 的系数分别为 1、28 和 265。图 4.5 展示了中国、印度、美国、俄罗斯和日本五个国家温室气体强度的变化。可以看到，温室气体强度下降存在收敛趋势，未来强度均呈现下降趋势。中国、印度、俄罗斯温室气体强度收敛速度明显快于美国和日本。

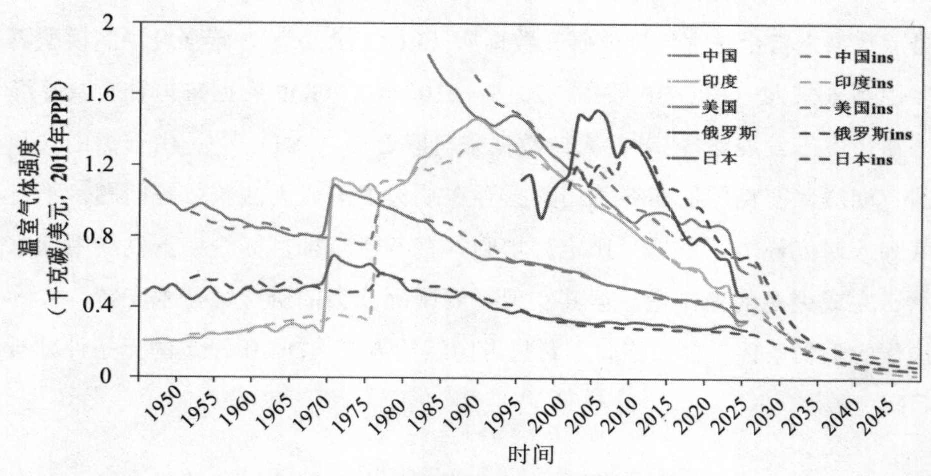


**图 4.5　主要国家温室气体强度预测值**

根据预测结果，2020 年我国碳强度约为 0.41，相较于 2005 年水平下降了 42%，完成了哥本哈根大会前夕提出的“2020 年碳强度比 2005 年下降 40% ～ 45%”的目标；2030 年碳强度约为 0.24，相较于 2005 年水平下降了 67%，预计可以超额完成《巴黎协定》NDC 提出的“2023 年碳强度比 2005 年下降 60% ～ 65%”的目标。以温室气体强度预测结果为基础，根据各缔约方 NDC 目标涉及的温室气体类型，可以预测 2030 年 NDC 排放量。“多气体”强度预测模型，解决了现有多数研究以碳强度预测结果为依据预测各方 NDC 的简化处理方法，提高了预测结果的准确度和结果的可信度。

按照缔约方无条件 NDC 核算，2030 年全球温室气体排放总量约为 485 亿吨二氧化碳当量。2030 年中国排放量约为 133 亿吨二氧化碳当量（占全球总量的 27%）；印度排放量约为 81 亿吨（占全球总量的 17%）；美国排放量约为 51 亿吨（占全球总量的 11%）。中国、印度、美国、俄罗斯、日本和欧盟的排放总量约占全球总量的 71%（表 4.2）。各缔约方 2030 年 NDC 目标排放量核算结果见附录 E。

表 4.2　2030 年不同国家或地区 NDC 排放量

| ISO | 国　家 | NDC 目标类型 | NDC 排放量 /$MtCO_2$-eq |
|---|---|---|---|
| CHN | 中国 | 强度目标 | 13288.86 |
| IND | 印度 | 强度目标 | 8071.76 |
| USA | 美国 | 基准年目标 | 5096.13 |
| RUS | 俄罗斯 | 基准年目标 | 2265.35 |
| JPN | 日本 | 基准年目标 | 1019.97 |
| EU | 欧盟 | 基准年目标 | 3409.51 |
| Asia | 亚洲 | — | 3206.47 |
| EES | 除俄罗斯外的东欧独联体 | — | 1530.29 |
| LAM | 拉丁美洲 | — | 2963.40 |
| MAF | 中东和非洲 | — | 6159.71 |
| OBU | 伞形集团 | — | 982.30 |
| OWE | 其他西欧发达国家 | — | 487.97 |

从国家层面看，由于缔约方在资源禀赋、技术水平、经济发展状况以及减排态度上存在显著差异，NDC 减排目标空间分异格局较为明显。这种巨大的差异化特征源于区域之间在人口规模、技术水平、能源结构和经济发展中的差异。在研究期内，2030 年排放相对高值区重点位于中国、美国、俄罗斯、印度、墨西哥、南非、南亚等地区。从体量和增长趋势上，这些地区将对全球排放趋势产生关键影响。而中东和北非、非洲中部地区、北欧等地区处于排放相对低值区。虽然提出了单位 GDP 能耗下降、碳强度下降、非化石能源比重提高、二氧化碳排放达峰等目标，由于经济发展的刚性需求，制造业聚集和以煤为主的能源结构导致中国依旧是碳排放量最大的国家。从网格层面看，单位网格排放区间为 [0,10267] $ktCO_2$-eq，平均值为 2880 $tCO_2$-eq，高于平均值的网格超过 8%。排放量最大的地区中心坐标为 43.15° E，24.33° N。在 SSP2 情景下，该区排放为 1027 万吨 $CO_2$-eq。通过中心坐标解析，发现该区位于沙特阿拉伯首都利雅得附近的 Al

Dawadmy。沙特目前面临居高不下的能源消耗量、较快的人口增长速度以及庞大的工业发展计划带来的年均 7% ～ 8% 的能源消耗增长等环境资源方面的挑战，其碳排放总量和人均碳排放量均高居世界前列。根据世界卫生组织数据显示，利雅得是世界上空气污染最严重的城市之一。研究结果提示沙特政府应针对该地区制定更加严格的减排标准，防止高排放给社会发展带来的负面影响以及经济损失。

## 4.4.2 一步改进策略：体现充分减排诚意

《协定》“依据不同国情”的原则为各方设置减排目标提供了自由的空间，同时也为“搭便车”“瞒报信息”等不良行为提供了温床。部分国家承诺的 2030 年排放水平反而高于现有气候政策（PaU）能够达到的排放量。可以说这些国家没有减排诚意，对推动全球减排行动没有做出实质性贡献。如果这些国家不作出改进，与温控目标之间的排放差距会进一步拉大。

如表 4.3 所示，阿尔巴尼亚、土耳其等 64 个国家提出了 BaU 目标，和现有气候政策情景的温室气体排放水平相比，付出了一定程度的减排努力；肯尼亚、加纳等 19 个国家提出了固定 BaU 目标，量化了 BaU 的排放量，但与本章预测结果对比，圣卢西亚、加纳和乌干达三个国家 NDC 目标约束下的排放量高于 BaU 排放量，减排力度不足；欧盟、澳大利亚等 36 个国家和地区提出了基准年目标，其中，欧盟、乌克兰、白俄罗斯、摩尔多瓦四个国家减排力度不足；中国、印度等 10 个国家提出了强度目标，只有格鲁吉亚和津巴布韦两国的 NDC 目标体现出了较为充分的减排诚意；南非、亚美尼亚、坦桑尼亚和塞拉利昂提出了固定水平目标，其中亚美尼亚和坦桑尼亚减排诚意不足；老挝、埃及等 30 个国家仅提供了行动目标，在下一轮更新中需要提出可量化的减排目标，以体现充分的减排诚意。

表 4.3 减排力度不足的国家或地区 NDC 更新下限

| NDC目标类型 | ISO | 国 家 | NDC排放量 | PAU排放 | 改进力度 |
|---|---|---|---|---|---|
| 相对固定照常发展情景 | LCA | 圣卢西亚 | 0.62 | 0.51 | 16.93% |
| | GHA | 加纳 | 62.86 | 42.76 | 31.97% |
| | UGA | 乌干达 | 60.29 | 57.88 | 4.00% |
| 相对基准年排放水平 | UKR | 乌克兰 | 527.69 | 472.64 | 10.43% |
| | BLR | 白俄罗斯 | 100.68 | 91.15 | 9.47% |
| | MDA | 摩尔多瓦 | 9.80 | 9.25 | 5.65% |
| | EU | 欧盟 | 3409.51 | 2904.62 | 14.81% |
| 强度目标 | CHN | 中国 | 13288.86 | 13116.82 | 1.30% |
| | IND | 印度 | 8071.76 | 4442.99 | 44.96% |
| | UZB | 乌兹别克斯坦 | 166.94 | 324.93 | 33.94% |
| | MYS | 马来西亚 | 488.60 | 272.37 | 44.25% |
| | SGP | 新加坡 | 55.56 | 52.41 | 5.68% |
| | ISR | 以色列 | 123.93 | 83.54 | 32.59% |
| | TUN | 突尼斯 | 85.63 | 52.77 | 38.38% |
| | CHL | 智利 | 185.69 | 117.61 | 36.66% |
| 固定目标 | TZA | 坦桑尼亚 | 153.00 | 102.63 | 32.92% |
| | ARM | 亚美尼亚 | 42.20 | 7.89 | 81.31% |
| 行动目标 | BTN | 不丹 | / | 2.79 | 100% |
| | LAO | 老挝 | / | 13.17 | 100% |
| | MMR | 缅甸 | / | 107.14 | 100% |
| | NPL | 尼泊尔 | / | 41.87 | 100% |
| | PAK | 巴基斯坦 | / | 504.80 | 100% |
| | CPV | 佛得角 | / | 0.91 | 100% |
| | EGY | 埃及 | / | 519.21 | 100% |
| | GIN | 几内亚 | / | 26.48 | 100% |
| | GNB | 几内亚比绍 | / | 3.08 | 100% |
| | KWT | 科威特 | / | 146.26 | 100% |
| | MWI | 马拉维 | / | 16.12 | 100% |
| | MOZ | 莫桑比克 | / | 30.75 | 100% |
| | OMN | 阿曼 | / | 149.54 | 100% |
| | QAT | 卡塔尔 | / | 320.46 | 100% |
| | RWA | 卢旺达 | / | 8.22 | 100% |
| | SAU | 沙特阿拉伯 | / | 865.67 | 100% |
| | SDN | 苏丹 | / | 127.92 | 100% |
| | SWZ | 伊斯威蒂尼 | / | 3.96 | 100% |
| | ARE | 阿拉伯联合酋长国 | / | 515.02 | 100% |
| | BLZ | 伯利兹城 | / | 1.37 | 100% |
| | BOL | 玻利维亚 | / | 60.15 | 100% |
| | SLV | 萨尔瓦多 | / | 15.69 | 100% |
| | SUR | 苏里南 | / | 5.18 | 100% |
| | URY | 乌拉圭 | / | 41.50 | 100% |
| | TKM | 土库曼斯坦 | / | 146.60 | 100% |
| | BRN | 文莱 | / | 8.92 | 100% |

注：NDC 排放量和 PAU 排放量单位为 $MtCO_2$-eq。改进力度表示改进量占现有 NDC 比例。

### 4.4.3 二步改进策略：满足全球温控目标

为了全面考虑由于气候损失及低碳技术发展的不确定性带来的气候治理挑战，我们从合作减排视角出发寻找实现 1.5℃和 2℃温控目标的最优温室气体排放路径。在此研究框架下，与当前的减排努力（即政策照常发展情景，PaU）相比，改进策略可以同时实现温控目标和经济收益。在合作减排机制设计中，既需要考虑机制是否能实现巴黎协定的 2℃温控目标，又需要保证各缔约方接受减排机制。因此，情景设置考虑了四个方面，包括变暖阈值、低碳技术成本、气候损失和公平性原则。在所有最优排放情景中，实现 2℃和 1.5℃温控目标的情景占所有情景的 51.9%。绝大部分情景需要满足较高的气候损失程度和低碳技术发展程度。图 4.6（a）反映了温控目标下全球温室气体排放路径。2100 年，全球温室气体排放总量为 –3.39 ～ 13.95 $GtCO_2$-eq，大气平均温度变化在 1.3℃～ 2.5℃。就目前而言，大部分国家自主减排目标缺乏雄心。为了实现长期温控目标和经济收益，2030 年，全球需要在现有 NDC 基础上进一步减排 19 亿～ 29 亿吨和 28 亿～ 30 亿吨二氧化碳当量以实现 2℃和 1.5℃温控目标。所有国家和地区均需在现有 NDC 基础上进一步提高减排力度。其中，日本（101%）、美国（93%）、俄罗斯（85%）、欧盟（72%）、中国（65%）和其他伞形集团国家（63%）需要付出更多的努力，在本世纪中叶之前需要实现净零排放。为了实现 2℃目标，印度的须在 2065 年之前实现净零排放，这比实现 1.5℃的时间要晚了近十年。在这些主要排放国中，实现 2℃目标的美国和日本（2035—2040 年）的净零排放时间比中国（2045—2050 年）要早 10 年，比印度（2060—2065 年）要早 23 年（表 4.4）。

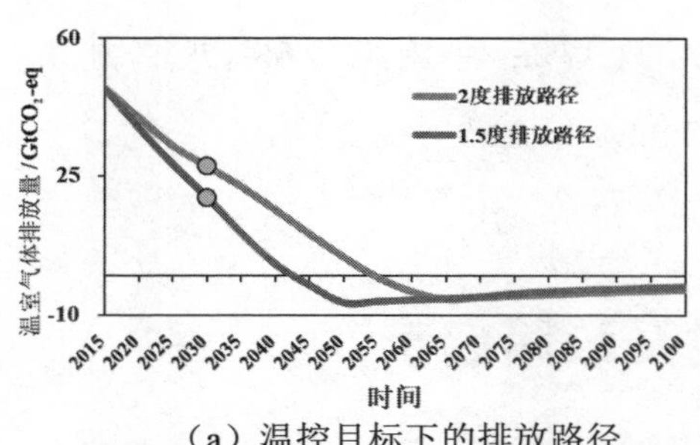


（a）温控目标下的排放路径

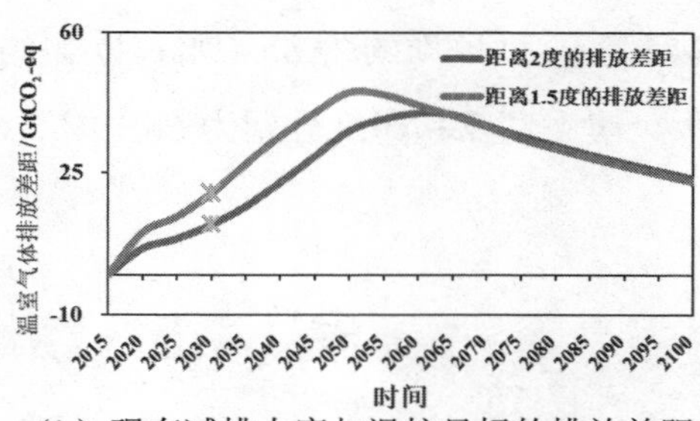


（b）现有减排力度与温控目标的排放差距

**图 4.6　温控目标下的排放路径和排放差距**

**表 4.4　2030 年主要排放国温室气体排放量及净零排放时间**

| 国家 | 情景 | 2030 年温室气体排放 | 净零排放时间 | 累积负排放量 |
|---|---|---|---|---|
| 中国 | 2℃ | 5.62 (4.53 ～ 6.56) | 2045—2050 | –49.48 (–46.71 ～ –51.68) |
| | 1.5℃ | 4.61 (4.38 ～ 4.77) | 2040—2045 | –61.85 (–58.48 ～ –67.09) |
| 印度 | 2℃ | 3.49 (3.26 ～ 3.70) | 2060—2065 | –22.66 (–20.96 ～ –25.09) |
| | 1.5℃ | 3.26 (3.22 ～ 3.29) | 2050—2055 | –30.15 (–25.28 ～ –33.09) |
| 欧盟 | 2℃ | 1.63 (0.93 ～ 2.25) | 2040—2045 | –26.85 (–25.25 ～ –28.87) |
| | 1.5℃ | 0.97 (0.85 ～ 1.06) | 2035—2040 | –31.45 (–30.85 ～ –32.46) |
| 美国 | 2℃ | 1.37 (0.28 ～ 2.39) | 2035—2040 | –50.33 (–40.52 ～ –56.80) |
| | 1.5℃ | 0.37 (0.22 ～ 0.47) | 2035 | –47.79 (–42.04 ～ –52.62) |
| 俄罗斯 | 2℃ | 0.63 (0.33 ～ 0.92) | 2040—2045 | –13.38 (–14.11 ～ –12.75) |
| | 1.5℃ | 0.33 (0.29 ～ 0.37) | 2035 | –15.28 (–15.97 ～ –14.73) |
| 日本 | 2℃ | 0.19 (0.01 ～ 0.36) | 2035—2040 | –6.38 (–6.89 ～ –5.83) |
| | 1.5℃ | –0.01 (–0.02 ～ 0.01) | 2030—2035 | –7.24 (–7.32 ～ –7.10) |

注：温室气体排放量单位为 $GtCO_2$-eq。

在模型构建的全球合作减排机制下，为实现 2℃温控目标，除土耳其、挪威、瑞士、冰岛、加拿大、澳大利亚、新西兰、波黑、马其顿、阿尔巴尼亚、黑山 11 个国家之外，其余缔约方均需在现有 NDC 基础上进一步提高改进力度，其中日本需要提高的幅度最大，在现有 NDC 排放量的基础上进一步提高 71.37%；其次是俄罗斯和美国，分别为 64.37% 和 61.45%；欧盟整体需进一步提高 40.79%；印度需要提高 55.08%；中国需提高为 53.21%。要实现 1.5℃温控目标，各缔约方均需在现有 NDC 基础上提高减排力度，其中日本需要提高的幅度最大，约为 101.72%；美国次之，约为

94.37%；俄罗斯约为85.45%；欧盟约为71.37%；中国约为65.17%；加拿大、澳大利亚和印度分别为66.19%、65.82%和59.57%。

## ◉ 4.5 结论及政策启示

全球盘点机制是耦合“自下而上”自愿减排与“自上而下”温控目标的重要纽带。为响应2020年NDC更新及2023年全球首轮盘点，本章开发了国家自主减排贡献改进模型。首先基于“多气体、多情景、多尺度”原则，从全球—区域—国家—网格视角，预测了各缔约方现有政策情景下的温室气体排放量，解决了NDC目标核算以及使用上的一系列不确定性问题；识别出减排诚意不足的国家和地区，提出了下一轮NDC更新的下限；开发了基于公平性准则的排放空间降尺度模型，将各区域NDC目标与温控目标之间的排放差距降尺度到国家层面，提出了下一轮NDC更新的上限。研究结果可以为全球盘点机制的设计和谈判提供参考，同时，可为各方制定差异化的减排政策提供依据。得出主要结论如下。

（1）从全球层面看，根据现有NDC目标，2030年全球温室气体排放总量约为485亿吨$CO_2$-eq。中国、印度、美国、俄罗斯、日本和欧盟的排放总量约占全球总量的70%。从网格层面看，单位网格排放区间为[0,10267] kt$CO_2$-eq，平均值为2880 t$CO_2$-eq，高于平均值的网格超过8%。热点排放地区主要分布在中国、美国、俄罗斯、印度、墨西哥、南非、南亚等区域的城市群、工业带、油田、矿场等地，从体量和增长趋势上，这些区域将对全球排放趋势产生关键影响。

（2）现有NDC承诺的减排力度不足以弥合与全球长期温控目标之间的差距。即使缔约方全部兑现NDC目标，为了实现长期温控目标和经济收益，与2℃温控目标对应的排放差距为190亿～290亿吨$CO_2$-eq。与1.5℃

温控目标对应的排放差距为 280 亿～ 300 亿吨 $CO_2$-eq。

（3）部分国家和地区减排诚意不足，如果不加以改进，与温控目标之间的排放差距会进一步拉大。减排力度评估结果显示，加纳、乌干达等 44 个国家和地区承诺的 2030 年排放水平反而高于现有气候政策下能够达到的排放量，对推动全球减排行动没有做出实质性贡献。如果上述国家提高减排诚意，达到排放下限，2030 年将会为全球带来约 280 亿吨 $CO_2$-eq 的减排量。

（4）为实现 2℃温控目标，绝大部分国家需要在现有 NDC 基础上进一步提高减排力度。其中，日本（71%）、俄罗斯（64%）、美国（61%）、印度（55%）等需付出较大力度以改善现有排放水平。为实现 1.5℃温控目标，所有国家和地区均需在现有 NDC 基础上进一步提高减排力度。其中，日本（102%）、美国（94%）、俄罗斯（85%）、欧盟（71%）等需要付出更多的努力，在本世纪中叶之前需要实现净零排放。

"自下而上"的减排模式迈出了全球气候治理制度创新的第一步，但究竟能达到何种减排效果仍未可知。根据研究结果，得出如下政策启示。

（1）UNFCCC 应进一步统一减排承诺形式、基准年和目标年的选择。建议制定缔约方自主减排贡献目标的编制标准和规范。温室气体至少包含 $CO_2$、$CH_4$ 和 $N_2O$，鼓励涵盖全部《议定书》的气体；减排范围至少涵盖电力、交通、建筑等关键部门；减排目标设置为绝对量或强度目标形式，对于采用相对基准情景减排的国家，需要明确基准情景的内涵；目标年统一为 2030 年，后续以 5 年为单位递增。应建立应对全球气候变化高分辨率公共数据库，涵盖社会、经济、技术、土地利用、生态、人类健康等多维数据，利用大数据技术提升未来气候变化对社会经济影响评估的时空精度，及时追踪缔约方的履约程度。

（2）新一轮气候协定建议采用"混合机制"。由于全球气候资源的公共物品特性，《协定》"自下而上"的自愿承诺模式易出现"搭便车"现象，因此，难以实现温控目标。新一轮谈判中，应在原有的“自下而上”机制的基础上，引入温控目标，对缔约方减排目标提出改进方案，形成“自下而上”与“自上而下”集成的“混合机制”。

（3）首轮 NDC 更新时，UNFCCC 应敦促并监督加纳、乌干达等 44 个国家和地区提高各自的减排努力。尤其是仅提出行动目标的不丹、老挝等 26 个国家，应至少提出与现有政策排放水平一致的可量化的减排方案。

（4）基于精细网格数据，针对局部地区制定和采取适合当地特点的绿色低碳政策和措施。重点关注排放热点地区，在增强排放目标约束的同时，加强对该地区的监督，推广低碳技术，进一步降低局地排放水平，促进城市的可持续发展。

（5）排放的空间分布特征折射出各区域可能存在的环境政策制定的外溢性、发展的公平性以及温室气体的扩散性等问题。因此，为了实现减排目标，必须打破空间聚类，引导人力资本、技术创新的跨区域流动，同时加强跨区域的约束性环境管制。

## ◉ 4.6 本章小结

本章核算了各缔约方现有 NDC 方案目标年排放量，评估了现有方案的减排力度，提出了实现温控目标的 NDC 更新方案，回答了卡托维兹气候大会提出的“我们在哪儿？”（现状）“我们要去哪儿？”（目标）以及“我们如何去？”（路径）三个科学问题。在方法上的探索和创新包括：基于“多气体、多情景、多尺度”原则，开发“基于强度准则的 NDC 盘点模型”，量化了各国应对气候变化的行动力度，为国家之间的横向比较提供了公开透明的信息；基于地理信息系统平台（ArcGIS），建立了一套“全球—区域—国家—网格”的定量动态 NDC 排放数据库，将研究数据从

190 个国家增加至 1141953 个陆地网格；基于“责任”“能力”和“平等”等公平性原则，开发降尺度模型，实现了国别层面的责任分摊，编制了缔约方 NDC 目标两步改进清单，提出了一套改进国家自主减排贡献的参照体系。目前的研究仍然存在一定的不足。已有的《议定书》目标重审和德班平台下有关提高 2020 年力度的谈判已经揭示，仅关注力度本身并不能真正有效促进力度提高。要实现全球盘点推动缔约方提高减排意愿，需要结合决策者以及政策执行者真正关心的内容，提出更具有现实操作意义的决策参考。

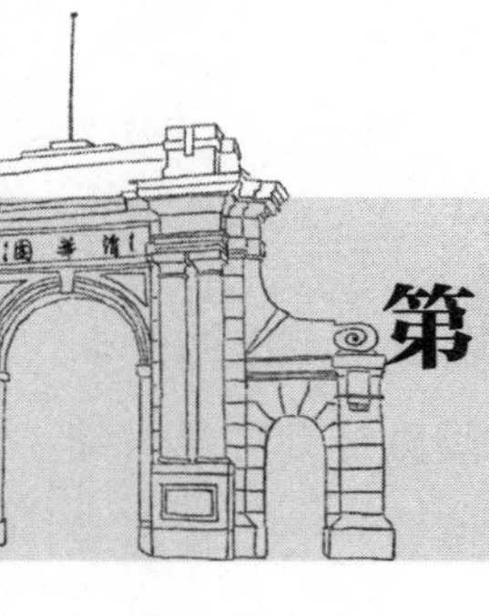

# 第 5 章　区域碳排放权交易机制设计：基于责任分担模型

## ◉ 5.1 引　言

国际气候协定是全球减排共识以及各国减排意愿的载体，作为外在减排约束可以在一定程度上倒逼国内减排行动。但是气候协定有可能与缔约方国内政治规划周期、现阶段主要矛盾、现存其他政策等冲突，实际减排行动的速度以及行动的方式在很大程度上受缔约方社会经济发展阶段、低碳技术水平等因素的影响。因此，探讨如何将应对气候变化的国际政治共识内化为国家或区域层面的具体行动更具有现实意义。面对巨大的减排压力，如何选择合适的减排工具是各方关注的焦点。目前，温室气体减排机制主要有命令—控制型和市场型两类。市场机制包括数量控制和价格控制两种减排措施，在碳减排领域分别对应碳排放权交易制度和碳税制度。现阶段，采用市场机制推动节能减排、应对气候变化逐渐成为各方相关政策的基调。《京都议定书》明确提出了缔约方可以采用碳排放交易的形式降低减排成本，欧美等国在碳排放权交易机制设计和实践中，进行了多年的尝试和探索。近年来，我国政府采取多项措施推动碳排放权交易市场建设。2011 年底，中华人民共和国国务院（以下简称国务院）印发了《“十二五”控制温室气体排放工作方案》，提出“探索建立碳排放交易市场”的要求；2013 年启动北京、天津、上海、广州、深圳、湖北、重庆七个碳交易试点，随后又增加了福建省。2015年9月，中美两国元首发表《中美元首气候变化联合声明》，第一次明确提出启动全国碳市场的时间和范围。2017年12月全国统一碳排放权交易市场正式启动，践行了此前向国际社会做出的减排承诺。全国碳市场首批纳入发电行业，于2021年7月开启线上交易。《巴黎协定》提出了两种国际碳市场机制，缔约方可以通过交易“国际转让的减排成果（internationally transferred mitigation outcomes，ITMOs）”实现各自的NDC目标。其中第6条、第6.2条提出了合作方法（cooperative approaches），第6.4条提出可持续发展机制（sustainable development mechanism）。碳排放权交易市场的建设是从市场层面推动落实《巴黎协定》的重要举措，将成为后巴黎时代全球气候治理的关键环节。

区域问题直接影响一个国家的经济发展和社会稳定，世界各国高度重视区域战略的规划和政策的制定。党的十六届三中全会提出了区域协调发展战略，着力健全市场机制、鼓励地区优势互补。区域之间通过协同发展可以打破传统地域和空间限制，是实现高质量发展的必由之路。开展应对气候变化的相关行动应与我国实施区域协调发展战略相协调。现有研究表明，局部地区的碳排放水平不仅受到内部因素的影响，而且受周边地区排放的潜在影响[136-139]。一个地区的减排目标是否能够实现，不仅取决于自身因素，还受制于其他地区的影响，能否有效控制碳排放依赖于地区之间的协调配合。在《京都议定书》中，已经明确提出全球碳减排坚持“共同但有区别的责任原则”，即发达国家和发展中国家在承担碳排放责任方面都有义务，但由于各国家经济实力、碳排放量、人口等情况的不同，所以各自承担有区别的义务。同理，由于资源禀赋、经济发展水平等的差异，我国各区域碳排放也呈现出一定的差异性，这意味着未来区域内碳减排配额上也需要根据不同地区的碳排放特征，探索建立兼顾减排效率与区域均衡发展的交易体系，从更加广泛的区域协同上着手开展气候治理。目前，我国碳交易试点省市仅在本区域内开展交易，在交易主体和交易品种的选择方面，各地根据自身不同的经济社会发展现状，确定交易主体并设计相应配额标准（表 5.1）。国内目前没有区域性碳市场，理论界对建立区域性碳市场已有少量探索。建立区域碳市场对控制本区域的碳排放、推进生态文明建设具有积极意义。

**表 5.1　我国碳交易试点地区现状**

| 试点 | 交易场所 | 启动时间 | 交易主体 | 交易品种 |
| --- | --- | --- | --- | --- |
| 北京 | 北京环境交易所 | 2013/11 | 履约及符合条件的其他企业 | BEA/CCER |
| 天津 | 天津排放权交易所 | 2013/12 | 履约企业 / 国内外机构 / 企业 / 社会团体 / 其他组织和个人 | TJEA/CCER |
| 上海 | 上海环境能源交易所 | 2013/11 | 履约企业 / 其他组织和个人 | SHEA/CCER |
| 重庆 | 重庆碳排放交易中心 | 2014/06 | 履约企业 | 地方配额 /CCER |
| 深圳 | 深圳排放权交易所 | 2013/06 | 履约企业 / 机构和个人 | SZA/CCER |
| 广东 | 广东碳排放权交易所 | 2013/12 | 履约企业和单位 / 符合条件的其他组织和个人 | GDEA/CCER |
| 湖北 | 湖北环境资源交易所 | 2014/04 | 履约企业和减排项目开发者 | 地方配额 /CCER |

注：笔者根据公开资料整理所得。各试点交易法规依据分别为《关于北京市在严格控制碳排放总量前提下开展碳排放交易权交易试点工作的决定》《天津市碳排放权交易管理暂行办法》《上海市碳排放管理试行办法》《重庆市碳排放交易管理暂行办法》《深圳经济特区碳排放管理若干规定》《广东省碳排放管理试行办法》和《湖北省碳排放权交易试点工作实施方案》。

碳交易机制的设计对其减排效率起着决定性作用。通常来看，碳交易机制设计包括配额总量设置、覆盖范围、初始配额分配、排放数据的监测报告与核查（measurement，reporting and verification，MRV）、履约情况考核、抵消机制以及市场交易六个方面。初始碳配额分配是碳交易制度设计中与交易主体关系最密切的环节。配额的多少，包括配额核算的科学性和公平性直接影响交易主体的积极性，也决定了碳市场能否活跃发展。如何确定和分配碳配额是当前碳市场机制设计研究的热点之一，围绕碳配额问题国内外学者已经有大量的讨论，产生了一系列对分配机制的设计（第 2 章表 2.6）。气候政策公平性包括三个层次的含义，即公平性原则、减排责任分担规则以及具体的指标。过去 20 年，各机构和学者从不同角度提出了多种气候政策公平性原则，其中支付能力原则、历史责任原则、污染者支付原则、帕累托最优原则等被广泛讨论。回顾国际学界已有研究，单一原则难以体现“公平但有区别”的责任。在考虑区域异质性基础上，综合多种原则的配额分配方案更容易被各参与方接受。

本章聚焦当前学界鲜有关注的县级分配尺度问题，综合考虑地区减排责任（世袭原则）、减排能力（支付能力原则）和减排潜力（污染者支付原则），建立区域碳配额分配模型，将基于公平性原则的责任分担方案引入碳配额交易机制，并在此基础上探讨了跨行政区域初始碳配额分配方案。研究结果可为构建跨区域碳市场、逐级落实减排责任提供决策参考。第二部分介绍了模型框架以及情景假设；第三部分介绍了实证应用背景和相关数据；第四部分讨论并分析了计算结果；第五部分对全文进行总结、提出政策建议。

## ◉ 5.2　区域碳配额分配模型

本节将从两个方面介绍区域碳配额分配模型。首先介绍模型的研究框架和思路，然后介绍模型的构建过程。

### 5.2.1　研究框架

图 5.1 展示了区域碳配额分配模型的研究框架。第一步，在气候政策目标约束下，考虑不同社会经济发展情景，核算区域排放总量；第二步，综合考虑地区减排能力、减排责任和减排潜力，构建区域碳配额分配综合指数；第三步，计算主观权重和客观权重，并采用组合赋权法确定指数综合权重；第四步，将碳配额分配到区域内交易主体；第五步，根据以上研

究结果设计区域碳排放权交易机制，得出相关政策启示。

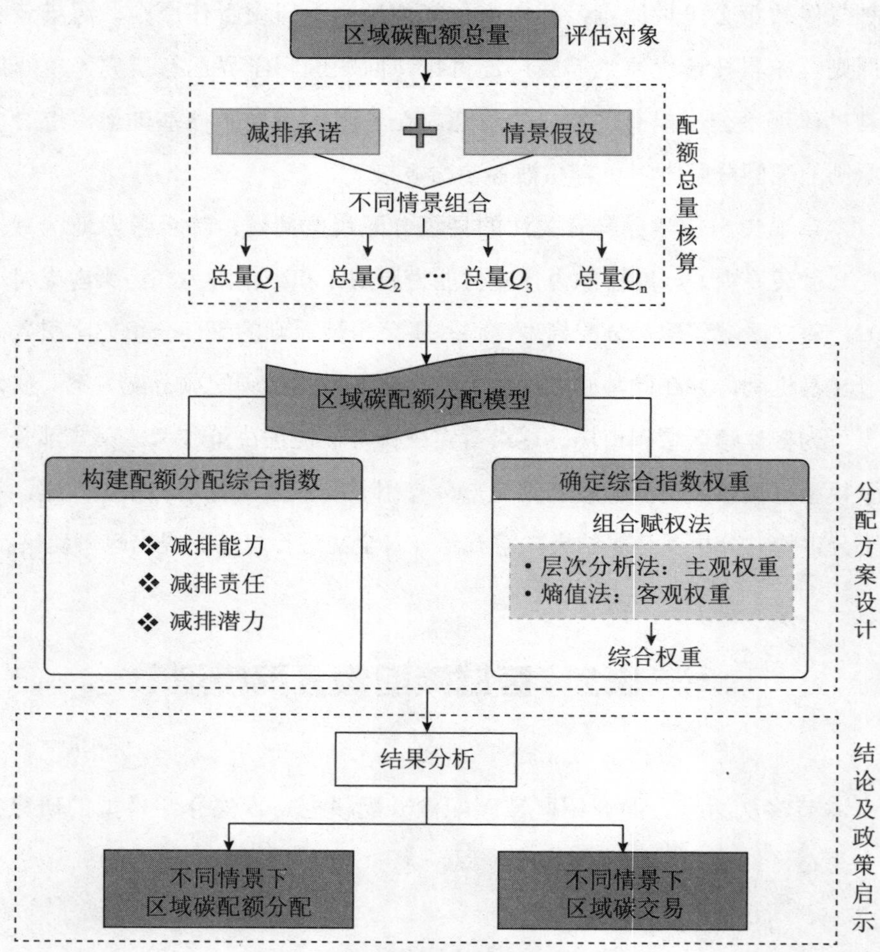

图 5.1　区域碳配额分配模型研究框架

## 5.2.2　模型构建

**步骤一：核算区域碳配额总量。**碳排放总量是进行配额分配的基础。本节以地区气候政策目标为标准进行碳排放总量核算，具体计算步骤如以下公式所示。

$$Q_r(t)=\text{GDP}_r(t_0)\times(1+k)^{t-t_0}\times\text{Ins}_r(t_0)\times(1-j)^{t-t_0} \tag{5.1}$$

$$\text{Ins}_r(t_0)=\text{Em}_r(t_0)/\text{GDP}_r(t_0) \tag{5.2}$$

$$Q_r(T)=\sum_{t=t_0}^{n}Q_r(t),t=t_0,\cdots,n \tag{5.3}$$

根据公式（5.1）和（5.2），可以得到第 $t$ 年区域 $r$ 碳配额量 $Q_r(t)$。式中，$t_0$ 为基准年，$T$ 为模型规划期；$\text{GDP}_r(t_0)$ 为基准年 GDP 总量；$k$ 为未来时间段内 GDP 年均增长率；$\text{Ins}_r(t)$ 为第 $t$ 年区域 $r$ 碳排放强度，可由当年的排放量［$\text{Em}_r(t)$］及经济发展水平［$\text{GDP}_r(t)$］得到；$\text{Ins}_r(t_0)$ 表示基准年碳排放强度；$j$ 为未来时间段内碳排放强度年均下降率，根据区域历史碳排放强度或气候政策目标得到。$Q_r(T)$ 为区域 $r$ 规划期内的配额总量，由区域 $r$ 第 $t_0$ 年至第 $n$ 年的配额量决定［公式（5.3）］。

公式（5.2）中基准年区域二氧化碳排放量 $\text{Em}_r(t_0)$，参照 IPCC《国家温室气体清单指南》（2006）计算，如公式（5.4）所示。

$$\text{Em}_r(t_0)=\sum_{h=1}^{l}\left[(A_{rh}-S_{rh})e_hc_h\right]\times O_h\times\frac{44}{12} \tag{5.4}$$

式中，$A_{rh}$ 和 $S_{rh}$ 分别表示区域 $r$ 第 $h$ 种能源的消费量（包括加工转换部门和终端消费部门）和非燃烧使用量（作为原料、材料等非能源产品）；$e_h$ 和 $c_h$ 是发热量、单位热值含碳量；$O_h$ 是能源品种 $h$ 的氧化率；$l$ 表示能源品种数量，$h=1,2,\cdots,l$。本章核算了原煤、洗精煤、其他洗煤、型煤、煤矸石、焦炭、焦炉煤气、高炉煤气、转炉煤气、其他煤气、其他焦化产品、原油、汽油、煤油、柴油、燃料油、石脑油、润滑油、石蜡、溶剂油、石油沥青、液化石油气、炼厂干气、其他石油制品、天然气以及液化天然气等 27 种能源。44/12 是碳与二氧化碳的转换系数，即碳占二氧化碳的分子重量比例。

**步骤二：构建区域碳配额分配综合指数（regional integrated allocation indicator，R-IAI）**。碳配额分配即为碳减排目标分解的过程。公平性原则需要转化为责任分担规则，并赋予具体指标，才能实现排放权的分配。参考已有研究，本章选择世袭原则、支付能力原则和污染者支付原则来表示地区的减排能力、减排责任和减排潜力，建立地区综合指数 $R_i$。世袭原则指的是在配额分配中考虑历史排放，根据历史责任分配排放配额。在该原则下，碳配额与历史排放量成反比；支付能力原则常以人均 GDP（或 GNP）来表示，在支付能力原则下，碳配额与人均 GDP 成反比；污染者支付原则主要聚焦地区未来排放规模。综合考虑指标的可获性和代表性，本章选择人均实际 GDP 代表减排能力，人均实际 GDP 越大说明减排能力越大；历史累积 $CO_2$ 排放量代表减排责任，历史累积 $CO_2$ 排放量越大表示减排责任越大；由于我国工业 $CO_2$ 排放量在所有产业中所占比重最大，高耗能产业存在很大的节能减排潜力，因此，选择单位工业增加值 $CO_2$ 排放量来表示减排潜力，其值越大，减排潜力越大。$R_i$ 的值越大，该地区承担的温室气体减排压力越大，如图 5.2 所示。

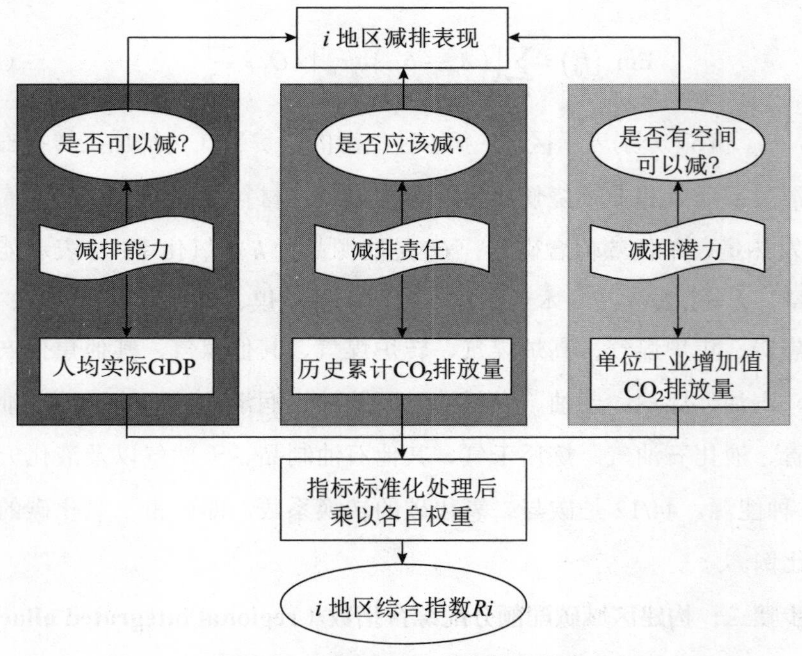


**图 5.2　i 地区 R-IAI 综合指数构建**

综合指数 $R_i$ 的计算公式为

$$R_i = W_A A_i + W_B B_i + W_C C_i \tag{5.5}$$

式中，$A_i$ 表示 $i$ 地区人均实际 GDP 占区域人均实际 GDP 的比重；$B_i$ 表示 $i$ 地区历史累积 $CO_2$ 排放量占区域历史累计 $CO_2$ 排放量的比重；$C_i$ 表示 $i$ 地区单位工业增加值 $CO_2$ 排放量占区域单位工业增加值 $CO_2$ 排放量的比重；$W_A$、$W_B$ 和 $W_C$ 分别表示三项指标的权重。实现区域配额总量在二级行政区分配的关键在于确定指标权重。

**步骤三：确定综合指数 R-IAI 权重**。决策者的判断和选择偏好在决策过程中是客观存在、不能回避的。纯粹的数学模型无法准确表达决策者的主观判断过程。为兼顾决策者对指标的偏好，同时减少赋权的主观随意性，使指标的权重达到主观与客观的统一，本章采用组合赋权法，引入距离函数 [140]，将主客观权重值结合起来，使权重计算结果更科学、合理。计算过程如图 5.3 所示。

首先采用层次分析法（the analytic hierarchy process，AHP），根据指标重要性构造判断矩阵（指标的重要性通过专家打分得到）。通过计算矩阵最大特征值求得指标主观权重 $W_Z$。指标 $i$ 相对于指标 $j$ 的相对重要性表示为 $a_{ij}\left(i=1,\cdots,n; j=1,\cdots,n\right)$，得到判断矩阵 $\boldsymbol{A}=\left(a_{ij}\right)_{n*n}$。若指标 $i$ 的权重为 $W_i$，当 $a_{ij}$ 可以准确量化 $W_i$ 与 $W_j$ 的比值时，$\boldsymbol{A}$ 具有完全一致性，即可得到公式（5.6）和公式（5.7）。

$$\sum_{j=1}^{n} a_{ij} W_j = \sum_{j=1}^{n} \left(\frac{W_i}{W_j}\right) W_j = nW_i \tag{5.6}$$

$$\sum_{i=1}^{n} \left| \sum_{j=1}^{n} a_{ij} W_j - nW_i \right| = 0 \tag{5.7}$$

现实中受认知限制，$a_{ij}$ 在量化 $W_i$ 与 $W_j$ 的比值时往往存在偏差。公式（5.7）左边项越小，表明二者的一致性程度越高。此处引入一致性指标（consistency index function，CIF）来检验。

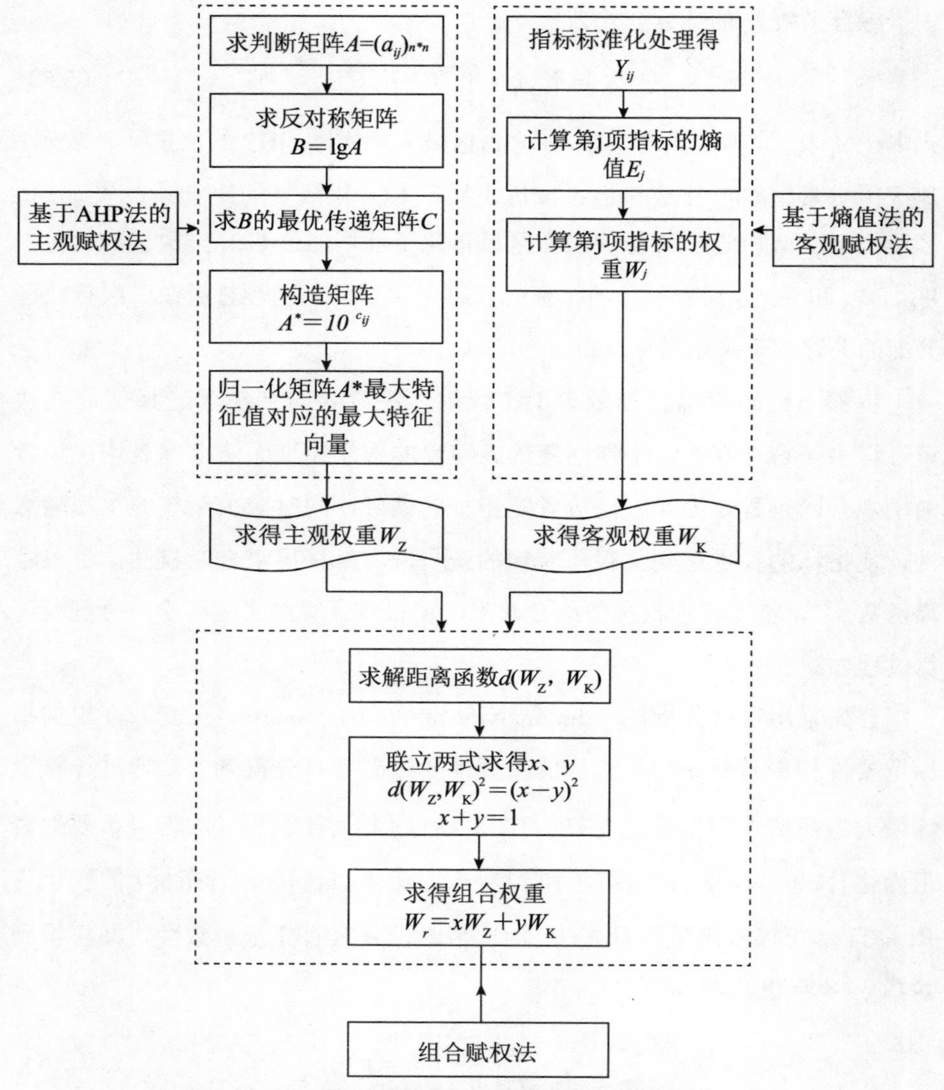


**图 5.3 基于组合赋权法计算指标权重流程图**

$$\min \mathrm{CIF}=\sum_{i=1}^{n}\left|\sum_{j=1}^{n}a_{ij}W_j-nW_i\right|/n$$

$$\text{s.t.}\quad \sum_{i=1}^{n}W_i=1 \tag{5.8}$$

如果 CIF 的值小于 0.1，那么判断矩阵可被认为是一致的，计算得到的权重是可靠的。采用熵值法根据指标所含信息有序度来确定客观权重 $W_K$。首先对各指标原始数据进行归一化处理。

$$X_{ij} = (x_{ij} - \min_j) / (\max_j - \min_j) \tag{5.9}$$

式中，$X_{ij}$ 表示第 $j$ 项指标的归一化结果，$x_{ij}$ 为第 $j$ 项指标的原始数值；$\min_j$ 和 $\max_j$ 分别表示第 $j$ 项指标的最小原始数值和最大原始数值。数据标准化处理后，得到 $X_{ij}\left(i=1,2,\cdots,n; j=1,2,\cdots,m\right)$。进一步地，计算指标概率 $p_{ij}$

$$p_{ij} = x_{ij} / \sum_{i=1}^{n} x_{ij} \tag{5.10}$$

计算第 $j$ 项指标的信息熵 $e_j$ 和信息效用值 $d_j$。指标之间的差异越大，熵值越小。最后可根据公式（5.13）确定指标客观权重 $W_K$

$$e_j = \sum_{i=1}^{n} p_{ij} \ln p_{ij} / -\ln n \tag{5.11}$$

$$d_j = 1 - e_j \tag{5.12}$$

$$W_K = d_j / \sum_{j=1}^{m} d_j \tag{5.13}$$

鉴于主观赋权和客观赋权法的不足，引入距离函数进行组合赋权

$$d\left(W_Z, W_K\right) = \left[\frac{1}{2}\sum_{i=1}^{n}\left(W_Z - W_K\right)^2\right]^{\frac{1}{2}} \tag{5.14}$$

根据以下公式计算组合权重 $W_T$

$$W_T = xW_Z + yW_K \tag{5.15}$$

$$d\left(W_Z, W_K\right)^2 = \left(x - y\right)^2 \tag{5.16}$$

$$x + y = 1 \tag{5.17}$$

式中，$x$、$y$ 分别表示主客观权重的线性分配系数。为了使不同权重之间的

差异程度与分配系数之间的差异程度一致，距离函数与分配系数之间应该满足（5.16）、（5.17）两式的关系。联立以上三式即可求得组合权重值。

**步骤四：分配碳配额**。第 $t$ 年区域 $r$ 内的省级行政单位 $i$ 地区碳配额 $Q_i(T)$ 可由如下公式计算得出：

$$Q_i(T) = R_i \cdot Q_r(T), i = 1, 2, \cdots, m \tag{5.18}$$

式中，$R_i$ 为 $i$ 地区在区域 $r$ 所占权重。通过地区权重和区域配额总量，即可得到目标年 $i$ 地区碳配额。在我国的组织结构和国家政权体系中，县一级处在承上启下的关键环节，是政策执行主体。因此我们进一步地将省级碳配额 $Q_i(T)$ 在省内各区县进行分配。由于同一省份各区县的宏观数据具有一定程度的相似性，需要采用更为精细的指标作为代理变量确定权重。基于同一区域的夜间灯光数据与温室气体排放总量正相关的结论 [166]，选取夜间灯光数据作为代理变量得到单位网格的权重

$$\omega_{iu}(x, y, t) = \frac{\text{Nlight}_{iu}(x, y, t)}{\sum_{u=1}^{n} \text{Nlight}_{iu}(x, y, t)}, \quad u = 1, 2, \cdots, n \tag{5.19}$$

式中，$\omega_u(x, y, t)$ 表示第 $t$ 年 $i$ 省区第 $u$ 个县第 $(x, y)$ 个网格的权重；$\text{Nlight}_{iu}(x, y, t)$ 为第 $t$ 年第 $(x, y)$ 个网格夜间灯光强度值。采用升尺度方法将第 $u$ 个县 $(x, y)$ 个网格加总，得到第 $t$ 年 $i$ 省区第 $u$ 个县的权重 $\omega_{iu}$。通过区县权重和省级配额总量，即可得到目标年第 $u$ 个县的碳配额 $Q_{iu}(T)$

$$Q_{iu}(T) = \omega_{iu} \times Q_i(T), i = 1, 2, \cdots, m; u = 1, 2, \cdots, n \tag{5.20}$$

## ◉ 5.3 实证应用及数据说明

本章以我国京津冀地区为例来说明区域碳配额分配模型的应用及区域碳市场机制的设计。本节重点介绍实证研究背景、情景设置以及使用的数据。

### 5.3.1　实证应用背景

京津冀地区作为世界上碳排放量最大的首都经济圈，已成为我国最严重的大气污染区。1995—2017 年，京津冀地区累积二氧化碳排放总量已达到 160 亿吨。2017 年京津冀地区碳排放量约为 10 亿吨，占全国排放总量的 10%，排放量从 1995 的 4 亿吨，增加到 2017 年的 10 亿吨，年均增长率超过 6.5%（全国年均增长率约为 9%）。为治理首都经济圈环境污染、实现区域优势互补、带动北方腹地发展，国家“十二五”规划将“推进京津冀区域经济一体化发展，打造首都经济圈，推进河北沿海地区发展”上升为国家战略，着力推动区域协同发展。京津冀一体化由首都经济圈的概念发展而来，包括北京市、天津市以及河北省的 11 个地级市（图 5.4 和图 5.5）。

2014 年 2 月 26 日习近平总书记在北京召开座谈会，专题听取京津冀协同发展工作汇报，强调实现京津冀协同发展，是面向未来打造新的首都经济圈、推进区域发展体制机制创新的需要，是实现京津冀优势互补、促进环渤海经济区发展、带动北方腹地发展的需要。要实现这些目标，京津冀地区协同发展要打破“一亩三分地”的思维定式，发挥各自优势，高效实现最大程度的节能减排。在京津冀一体化的进程中，节能环保领域的合作是区域协同发展的重要内容。其中，有效控制碳排放是大气协同环境治理的重要环节，建立碳排放权交易市场是现阶段低成本控制和减少温室气体排放的有效措施，其重要作用已在全球得到广泛认可。地方碳交易是全国碳市场的重要组成部分，京津冀协同发展必然会促进区域型碳交易市场的发展。北京、天津是我国第一批碳交易试点，具备构建区域碳市场的基础。在北京市、天津市碳排放权交易试点的基础上，建立区域碳排放权交易市场，探索利用市场化手段协同治理大气污染，充分调动市场主体的积极性，是京津冀地区现阶段以低成本实现减排，促进产业结构调整，推动经济社会健康发展的有效途径。因此，本章选取京津冀地区作为碳配额分配研究区域，共包括 3 个省级行政区和 165 个区县（北京 9 个，天津 6 个，河北 150 个）。

图 5.4 京津冀地区社会经济及能源使用的相关指标（2017 年）

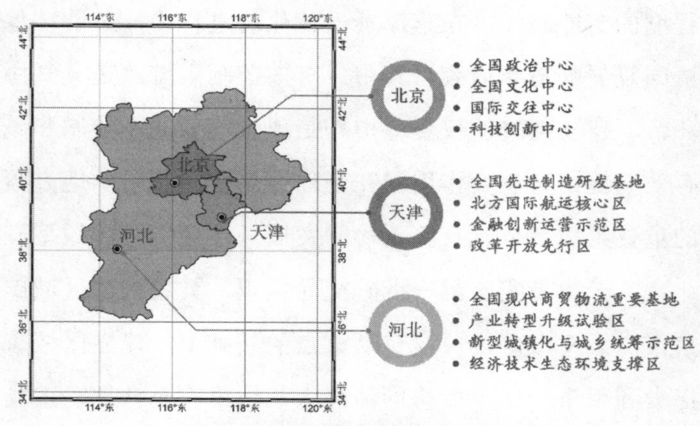


图 5.5 京津冀城市圈示意图

## 5.3.2　情景设置

2015 年《国民经济和社会发展第十三个五年规划纲要（草案）》提出在未来 5 年，我国仍需保持中高速经济发展模式，并对经济中高速增长给出了量化说明：2016—2020 年间我国经济年均增长率最低保持 6.5% 以上 [141]；《“十三五”时期京津冀国民经济和社会发展规划》提出，到 2020 年，京津冀地区整体实力将进一步提升，经济需要保持中高速增长 [142]。近年来，国内外多个机构对我国经济增长做了预测，结果表明未来经济将保持上涨趋势，但经济增速将呈现阶梯式下降。根据上述规划提出的目标，参考国务院发展研究中心、国家信息中心等机构对我国经济增速的预测，本章假定低速发展、常规发展和高速发展三个经济增长情景（表 5.2）。

表 5.2　京津冀地区经济年均增速情景假设　%

| 经济发展情景 | 2018—2020 年 | 2021—2030 年 |
|---|---|---|
| 低速发展 | 5.5 | 5.3 |
| 中速发展 | 6.5 | 6.3 |
| 高速发展 | 7.5 | 6.8 |

现有研究表明，经济水平是造成碳排放量增长的主要因素，能源强度是抑制碳排放量增长的重要因素 [143]。为应对气候变化，2009 年我国提出，2020 年碳排放强度（单位 GDP 二氧化碳排放）相对 2005 年降低 40% ～ 45%；2030 年降低 60% ～ 65% 的目标。基于此，本章假定京津冀地区减排目标与全国水平保持一致，据此预测出京津冀地区 2020 年和 2030 年碳排放强度。在经济增速的三种假设之下，分别计算出 2020 年、2030 年京津冀地区的碳配额总量。

## 5.3.3　数据说明

分配到各区域的配额总量，需要与区域碳排放控制潜力、经济发展方向、碳市场设定等多方面条件相适应。考虑数据的完整性和可获得性，对京津冀地区 1995—2017 年的数据进行考察。各省市燃料消耗量的年度数据由《中国能源统计年鉴 2018》以及各省统计年鉴整理得到。单位热值燃料的碳含量来自《2006 IPCC 国家温室气体清单指南》，燃料燃烧的氧化率来自省级温室气体清单编制指南。各省市 GDP 数据来自《中国统计年鉴 2018》，以 2005 年的价格为不变价。夜间灯光影像为 2012 年的 DMSP/OLS。数据来自美国国家海洋和大气管理局（NOAA）下属的国家海洋和大气管理局（NGDC）。本研究使用的数据为其中的稳定灯光值部分，该部分消除了云及火光等偶然噪声影响，数据灰度值范围为 1 ～ 63，空间分辨率为 0.008333°（5'）。本章需要使用的主要指标、指标含义以及数据来源等，如表 5.3 所示。

表 5.3　指标含义及数据来源

| 指　标 | 含　义 | 数据来源 |
|---|---|---|
| 人均实际 GDP | 减排能力 | 《中国统计年鉴（2018）》[144]<br>《中国能源统计年鉴（2018）》[145]<br>《北京市统计年鉴（2018）》[146]<br>《天津市统计年鉴（2018）》[147]<br>《河北省统计年鉴（2018）》[148] |
| 历史累计 $CO_2$ 排放量 | 减排责任 | |
| 单位工业增加值 $CO_2$ 排放量 | 减排潜力 | |

## 5.4　结果分析与讨论

本节以京津冀地区为例进行了区域碳配额分配模型的实证研究，并在此基础上分析配额分配结果。主要内容包括京津冀地区碳排放和能源消费现状分析、综合指数的确定、规划期内碳配额分配，以及区域碳市场机制设计。

### 5.4.1 京津冀地区碳排放和能源消费现状分析

图 5.6 展示了 1995—2017 年间京津冀地区能源消费变化。从能源消费量变动趋势看（图 5.6a），京津冀能源消费量呈递增趋势，其中以河北省增速最快，总量最大，2014 年消费总量接近 437 百万吨标准煤；北京市能源消费量占全国的比重不足 3% 且呈现不断递减的趋势；天津市能源消费量占全国能源消费量的比重略有增加，但增幅不大。2000 年之后，京津冀地区能源消费量占全国的比重均高于 12%，其中 8% 来自河北省，如图 5.6（b）所示。京津冀地区地理面积仅为我国国土总面积的 2.2%，却消耗了全国 12% 的能源。能源消费量的持续增长，已经严重影响到地区生态平衡和可持续发展。

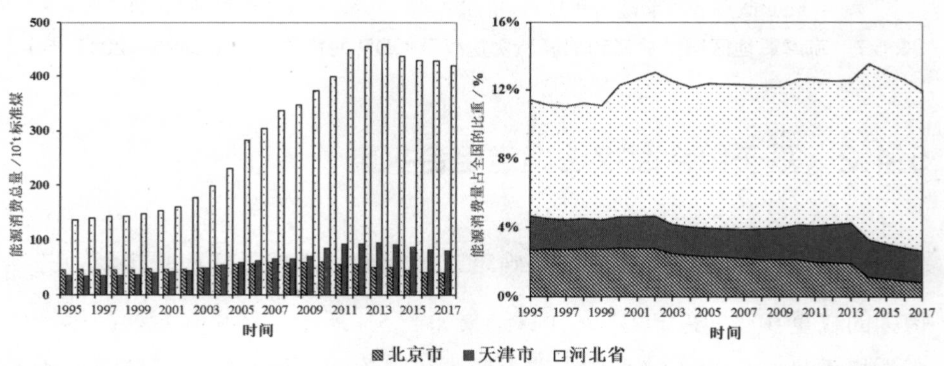


（a）能源消费总量　　（b）能源消费量占全国总量的比重

图 5.6 1995—2017 年京津冀地区能源消费变化

从图 5.7（a）可以看出，京津冀地区能源消费量和碳排放量之间存在一定的线性相关关系。能源消费量每增加 1 个单位，碳排放量增加 2.1067 个单位。主要原因在于京津冀地区以煤为主的能源消费结构。因此，减少煤炭的使用量、提高煤炭利用率是减少碳排放量的有效途径。根据图 5.7（b），京津冀地区碳排放量和地区生产总值呈现指数相关关系。即地区生产总值每增加1个单位，京津冀地区碳排放量增加0.6922个单位。在未来相当长的一段时期内，促进经济又好又快地发展仍将是中国政府的首要任务。因此，如何在保证经济增长的情况下降低能源消费和碳排放，实现能源、经济和环境的协调发展，是京津冀地区面临的主要挑战。

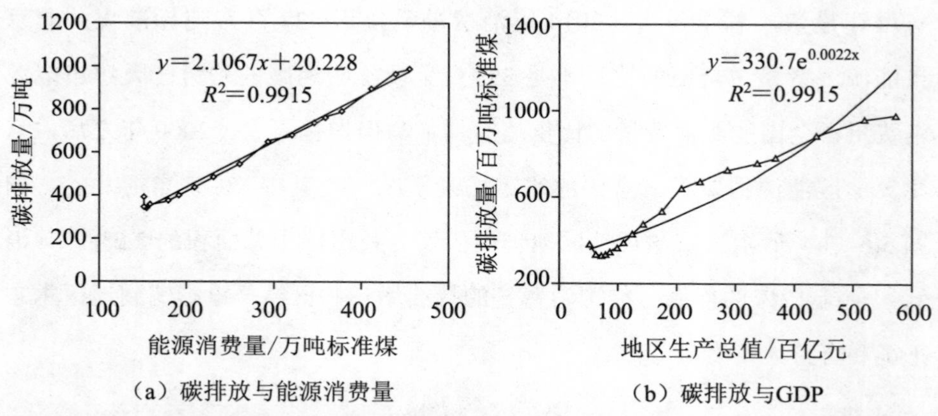


图5.7　京津冀地区碳排放量和能源消费量以及GDP的相关关系（1995—2017年）

## 5.4.2　基于组合赋权法确定组合权重

根据组合赋权法基本原理，确定减排能力、减排责任和减排潜力三项指标的权重$W_A$、$W_B$和$W_C$，计算结果如表5.4所示。结果显示，减排责任所占权重最大，约0.51；减排潜力所占权重次之，约0.36；减排能力所占权重最小，约0.11。指标权重赋值直接决定碳配额分配的最终结果。

表5.4　主客观赋权方法确定的指标权重

| 方　法 | $W_A$ | $W_B$ | $W_C$ | 指标权重占比 |
|---|---|---|---|---|
| 主观赋权法 | 0.1466 | 0.6571 | 0.1963 | |
| 客观赋权法 | 0.0585 | 0.2293 | 0.7123 | |
| 组合赋值法 | 0.1053 | 0.5079 | 0.3602 | |

根据组合赋权法，减排责任所占比重最大，为 52%。长期以来，以煤为主的化石能源是推动工业化进程的主要力量。化石能源燃烧是碳排放的最主要来源之一，许多环境污染物尤其是大气污染物均来自化石能源。发达地区，如北京、天津在工业化、城镇化、农业现代化进程中消耗大量的能源，排放污染历史更长。加之北京、天津发展较早，工业化水平高，减排技术较为先进，拥有更强的减排能力，因此在减排过程中应承担更多的责任。

减排潜力所占比重次之，为 37%。从社会经济发展实际看，地区越发达碳强度下降的空间越小，减排潜力越小。发展较为落后的地区，如河北省，由于减排技术不成熟、资金缺乏等因素，单位工业增加值消耗的 $CO_2$ 较多，减排潜力较大；发达地区，如北京、天津，由于技术进步、节能意识提高、资金充足等优势，单位工业增加值消耗的 $CO_2$ 较少，应该承担更多的减排压力。建立区域碳排放权交易市场可以利用市场机制最大限度地降低边际减排成本，使得资金从减排潜力小的地区流向减排潜力大的地区，在不影响经济发展的前提下，实现区域减排目标。

减排能力所占比重最小，为 11%。人均实际 GDP 较高的地区，如北京、天津，有较为充足的资金改进生产技术、促进节能技术的研发，因而减排能力较强，但其减排成本相对较高。建立区域碳排放权交易市场后，北京、天津可向河北购买碳配额，以达到减排目标。通过市场化手段提高京津冀地区节能减排效率，实现优势互补。

夜间灯光影像与人口密度，第二、第三产业水平以及 $CO_2$ 排放规模显著相关。为了实现省级层面的碳配额在县级行政区的分配，采用夜间灯光数据作为代理变量，确定了北京、天津、河北各区县的权重（表 5.5）。表中北京市区包括东城区、西城区、朝阳区、石景山区、海淀区、丰台区等城六区以及房山区。

表 5.5 京津冀地区各区县权重

| 省 | 县 / 区 | 权重 | 县 / 区 | 权重 | 县 / 区 | 权重 | 县 / 区 | 权重 |
|---|---|---|---|---|---|---|---|---|
| 北京 | 市区 | 0.347 | 怀柔区 | 0.044 | 昌平区 | 0.124 | 通州 | 0.122 |
| | 密云区 | 0.055 | 平谷区 | 0.044 | 顺义区 | 0.137 | 大兴区 | 0.093 |
| | 延庆区 | 0.035 | | | | | | |
| 天津 | 蓟县 | 0.079 | 武清区 | 0.143 | 天津市 | 0.497 | 静海县 | 0.106 |
| | 宝坻区 | 0.077 | 宁河县 | 0.097 | 玉田县 | 0.012 | 涞水县 | 0.005 |
| 河北 | 围场县 | 0.003 | 蔚县 | 0.005 | 唐山市 | 0.023 | 香河县 | 0.008 |
| | 康保县 | 0.001 | 滦县 | 0.012 | 大厂县 | 0.004 | 滦南县 | 0.009 |
| | 丰宁县 | 0.003 | 廊坊市 | 0.015 | 昌黎县 | 0.009 | 丰南区 | 0.015 |
| | 沽源县 | 0.002 | 涞源县 | 0.004 | 涿州市 | 0.011 | 永清县 | 0.010 |
| | 隆化县 | 0.005 | 赵县 | 0.005 | 唐海县 | 0.009 | 高碑店市 | 0.009 |
| | 承德县 | 0.006 | 衡水市 | 0.007 | 易县 | 0.004 | 定兴县 | 0.005 |
| | 平泉县 | 0.006 | 吴桥县 | 0.003 | 固安县 | 0.007 | 霸州市 | 0.017 |
| | 张北县 | 0.004 | 宁晋县 | 0.009 | 顺平县 | 0.003 | 雄县 | 0.007 |
| | 尚义县 | 0.001 | 冀州市 | 0.005 | 唐县 | 0.003 | 徐水县 | 0.009 |
| | 赤城县 | 0.004 | 赞皇县 | 0.002 | 文安县 | 0.010 | 容城县 | 0.003 |
| | 滦平县 | 0.006 | 枣强县 | 0.006 | 阜平县 | 0.002 | 满城县 | 0.007 |
| | 崇礼县 | 0.003 | 高邑县 | 0.002 | 安新县 | 0.006 | 武安市 | 0.016 |
| | 承德市 | 0.009 | 柏乡县 | 0.002 | 任丘市 | 0.012 | 临西县 | 0.004 |
| | 万全县 | 0.006 | 新河县 | 0.002 | 保定市 | 0.007 | 鸡泽县 | 0.003 |
| | 宽城县 | 0.007 | 故城县 | 0.005 | 广宗县 | 0.003 | 曲周县 | 0.005 |
| | 张家口市 | 0.012 | 临城县 | 0.003 | 任县 | 0.004 | 邱县 | 0.003 |
| | 兴隆县 | 0.005 | 隆尧县 | 0.006 | 清河县 | 0.005 | 永年县 | 0.010 |
| | 宣化县 | 0.009 | 南宫市 | 0.005 | 平乡县 | 0.004 | 涉县 | 0.005 |
| | 青龙区 | 0.007 | 内丘县 | 0.005 | 邢台市 | 0.003 | 馆陶县 | 0.003 |
| | 怀安县 | 0.003 | 巨鹿县 | 0.004 | 南和县 | 0.004 | 邯郸县 | 0.013 |
| | 怀来县 | 0.006 | 邢台县 | 0.009 | 沙河市 | 0.009 | 肥乡县 | 0.006 |
| | 迁西县 | 0.010 | 威县 | 0.006 | 磁县 | 0.010 | 广平县 | 0.003 |
| | 抚宁县 | 0.014 | 阳原县 | 0.003 | 成安县 | 0.005 | 邯郸市 | 0.002 |
| | 涿鹿县 | 0.003 | 卢龙县 | 0.008 | 大名县 | 0.006 | 市辖区 | 0.005 |
| | 遵化市 | 0.013 | 丰润区 | 0.016 | 魏县 | 0.007 | 献县 | 0.007 |
| | 迁安市 | 0.019 | 三河市 | 0.017 | 临漳县 | 0.004 | 海兴县 | 0.005 |
| | 秦皇岛市 | 0.010 | 清苑县 | 0.009 | 乐亭县 | 0.010 | 安平县 | 0.004 |
| | 高阳县 | 0.005 | 曲阳县 | 0.005 | 定州市 | 0.009 | 饶阳县 | 0.003 |
| | 黄骅市 | 0.019 | 大城县 | 0.007 | 沧县 | 0.016 | 正定县 | 0.012 |

续表

| 省 | 县 / 区 | 权重 | 县 / 区 | 权重 | 县 / 区 | 权重 | 县 / 区 | 权重 |
|---|---|---|---|---|---|---|---|---|
| 河北 | 平山县 | 0.006 | 青县 | 0.009 | 博野县 | 0.002 | 孟村县 | 0.005 |
| | 灵寿县 | 0.003 | 望都县 | 0.002 | 肃宁县 | 0.005 | 深泽县 | 0.003 |
| | 河间市 | 0.011 | 藁城市 | 0.010 | 安国市 | 0.002 | 鹿泉市 | 0.011 |
| | 蠡县 | 0.005 | 无极县 | 0.004 | 新乐市 | 0.005 | 泊头市 | 0.005 |
| | 行唐县 | 0.004 | 南皮县 | 0.007 | 沧州市 | 0.005 | 武强县 | 0.002 |
| | 东光县 | 0.005 | 盐山县 | 0.006 | 晋州市 | 0.006 | 武邑县 | 0.005 |
| | 阜城县 | 0.003 | 井陉县 | 0.006 | 辛集市 | 0.008 | 景县 | 0.006 |
| | 栾城县 | 0.007 | 深州市 | 0.008 | 石家庄市 | 0.010 | 元氏县 | 0.005 |

## 5.4.3　配额总量在京津冀地区及其区县内的分配

如图 5.8 所示，以 2020 年全国碳强度相比 2005 年下降 40% ～ 45% 为目标，低速发展情景下，京津冀地区排放总量约为 14.5 亿～ 15.8 亿吨 $CO_2$；中速发展情景下，约为 15.1 亿～ 16.5 亿吨 $CO_2$；高速发展情景下，约为 15.4 亿～ 16.8 亿吨 $CO_2$。以 2030 年碳强度下降 60% ～ 65% 为目标，低速发展情景下，京津冀地区排放总量约为 15.7 亿～ 18 亿吨 $CO_2$；中速发展情景下，约为 17.6 亿～ 20.2 亿吨 $CO_2$；高速发展情景下约为 18.7 亿～ 21.3

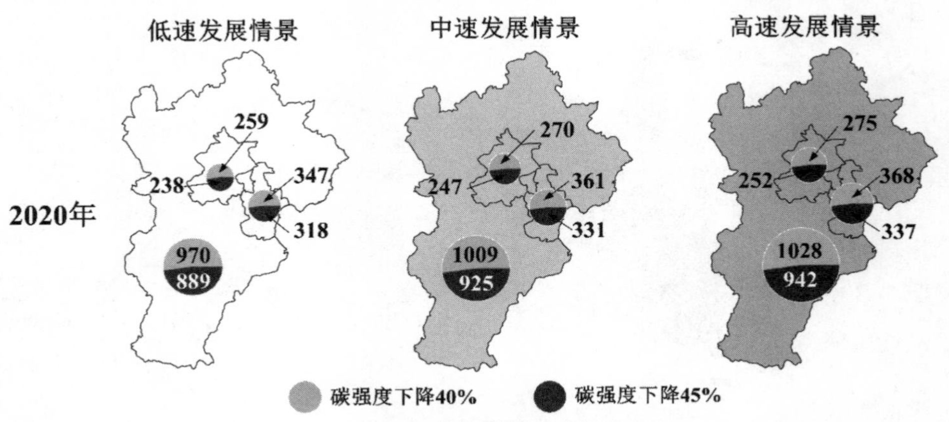


（a）2020 年京津冀地区碳排放分配

图 5.8　2020 年和 2030 年京津冀地区碳排放分配

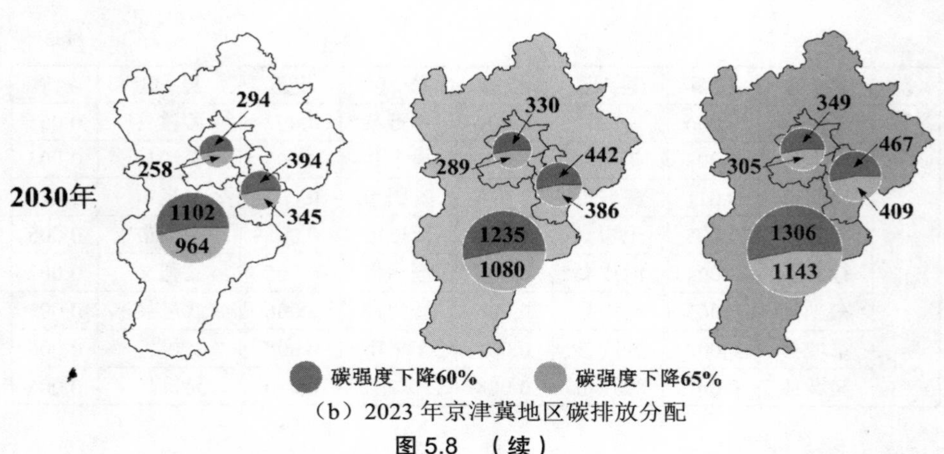


（b）2023 年京津冀地区碳排放分配

**图 5.8 （续）**

注：碳排放单位为百万吨 $CO_2$。

亿吨 $CO_2$。北京和天津经济较为发达，尤其是北京地区，大量的历史排放使得其需承担相对较大的历史责任，未来分配到的碳配额较少。河北地区未来排放空间较大，根据区域碳配额分配综合指数（R-IAI），其配额量超过北京和天津配额总量的 1.6 倍。可以看到，基于公平性原则的初始碳配额分配，减排责任和减排潜力对分配结果产生了重要影响。2020 年和 2030 年京津冀三省具体配额分配见图中信息。

进一步地，根据省级配额结果，实现了不同发展情景下碳配额在区县

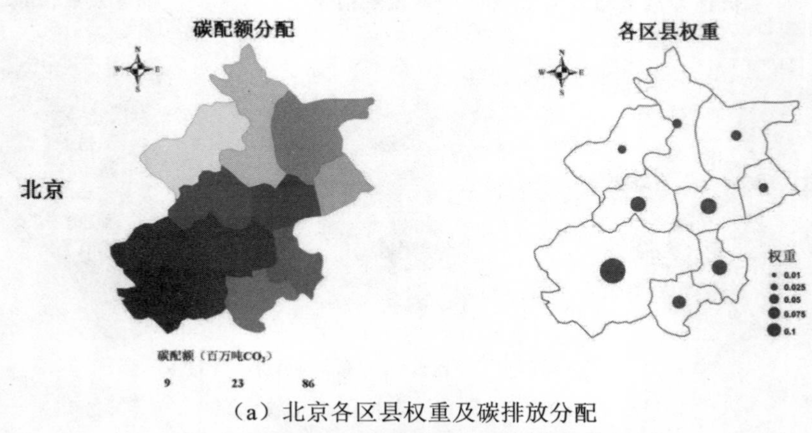


（a）北京各区县权重及碳排放分配

**图 5.9 京津冀地区各区县权重及碳排放分配**

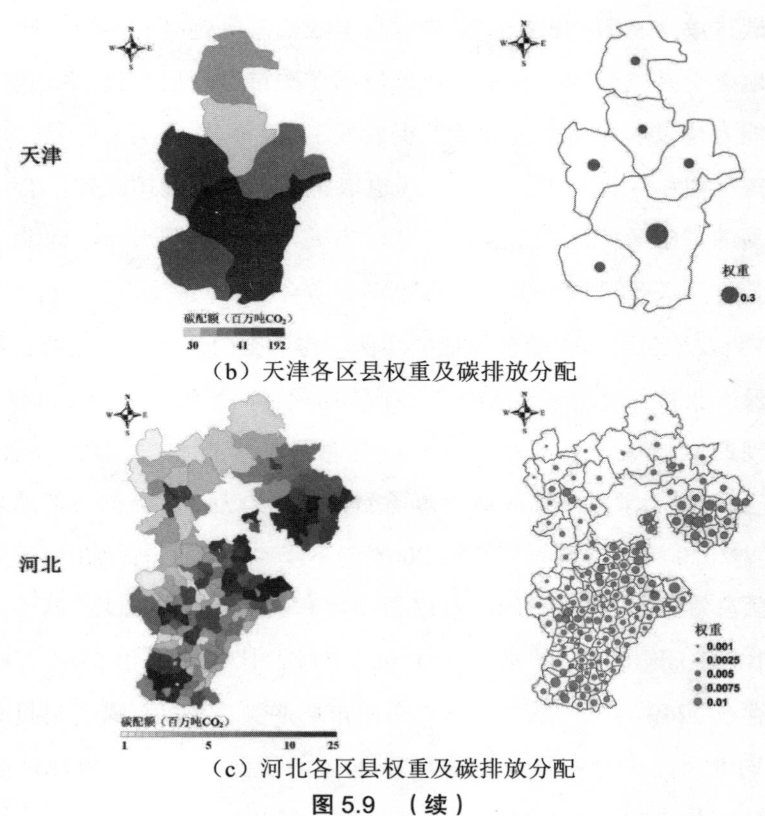


（b）天津各区县权重及碳排放分配

（c）河北各区县权重及碳排放分配

**图 5.9　（续）**

层面的分配。图 5.9 以中速发展情景下 2030 年碳强度较 2005 年下降 65% 目标为例进行展示。总体来看，各区县的经济发展水平差异对最终配额分配结果有明显影响。经济较为发达、第三产业占比较高的地区普遍可以获得更多的碳配额，如海淀区、朝阳区、武清区、迁安市等；经济总量较少的地区获得的碳配额相对更少，如康保县、柏乡县等。

### 5.4.4　京津冀地区碳配额跨区交易

北京、天津两个直辖市是我国首批碳交易试点。2008 年，北京建立了环境交易平台，实现我国第一单企业碳中和交易；天津市于 2008 年 9 月 25

日成立碳排放交易所，组织我国首笔基于规范碳足迹排查的企业碳中和交易。两地碳交易主管部门和企事业单位已在碳市场顶层设计、机制建设和碳交易能力建设等方面做了大量的探索性工作，积累了丰富经验，培育了一批支撑机构和专业人才，试点市场也取得了一定的减排成效，有实现区域碳交易的基础条件。北京碳交易开市当天，北京会同天津、河北、内蒙古等地签订了关于开展跨区域碳排放权交易合作研究的框架协议。2013 年 12 月 26 日，六省区市主管节能低碳环保工作的部门和相关企业成立了节能低碳环保产业联盟，当天共达成了 8 个签约项目，签约金额约 200 亿元。

实现跨区域碳交易的难点在于交易总量的设定和配额的分配比例。图 5.10（a）展示了京津冀区域碳市场配额交易的大小和流向。低速发展情景下，以 2020 年全国碳强度相比 2005 年下降 40% 为目标，北京、天津、河北配额总量分为 259 百万吨、347 百万吨和 970 百万吨 $CO_2$。其中，北京配额量比 BaU 预测下的排放量多出 986 万吨，比天津多出 5566 万吨，而河北则存在 7249 万吨的缺口，需要在碳市场购买。在区域碳交易机制下，河北可向北京、天津购买配额，填补 89% 的配额缺口。京津冀协同发展的关键环节是疏解首都北京的非核心功能。河北承接了北京、天津的产业转移与功能疏解，未来碳排放总量可能会持续增长。无论在何种情景下，河北碳配额始终不足，需要购买额外配额。低速发展情景下，2020 年河北的排放缺口约为 72 百万吨和 66 百万吨 $CO_2$，2030 年约为 58 百万吨和 51 百万吨 $CO_2$；中速发展情景下，2020 年河北的排放缺口约为 53 百万吨和 49 百万吨 $CO_2$，2030 年约为 65 百万吨和 57 百万吨 $CO_2$；高速发展情景下，2020 年河北的排放缺口约为 54 百万吨和 50 百万吨 $CO_2$，2030 年约为 69 百万吨和 60 百万吨 $CO_2$［图 5.10（b）］。从另一个视角看，假如河北能够在控制煤炭消费总量的前提下，大幅提高电煤在煤炭消费中的比例，同时积极研发推广低碳技术、加大减污降碳协同治理力度等，在现有基础上进一步减少碳排放，可以以现有配额量满足排放需求，甚至产生盈余以供市场交易。受发展水平的影响，京津冀地区之间减排成本存在显著差异，北京、天津地区的减排成本高于河北地区，河北可以利用成本优势出售配额。2013 年 9 月 18 日，中华人民共和国环境保护部发布了《京津冀及周边地区落实大气污染防治行动计划实施细则》，敦促加快淘汰落后产能。目前，高碳企业是解决社会就业的主力产业，我国过剩产能主要集中在国企和第二产业。因此，需要协调去产能攻坚战和社会就业需求增加的矛盾。河北为改善大气环境而淘汰的产能需要相应的资金补偿和支持，但是资金的逐利性与共同气候危机之间会产生矛盾。资金投入不足将会严重影响减污降碳协同治理的成效，成为制约区域间生态环境治理的重要瓶颈。在跨区域碳市场机制下，减排成本高的地区可以购买配额，减排成本低的地区可以出售配额，地区之间的配额交易一方面能效降低总的社会减排成本，另一方面可使减排成本较低的地区获得资金，用于生态环境保护。

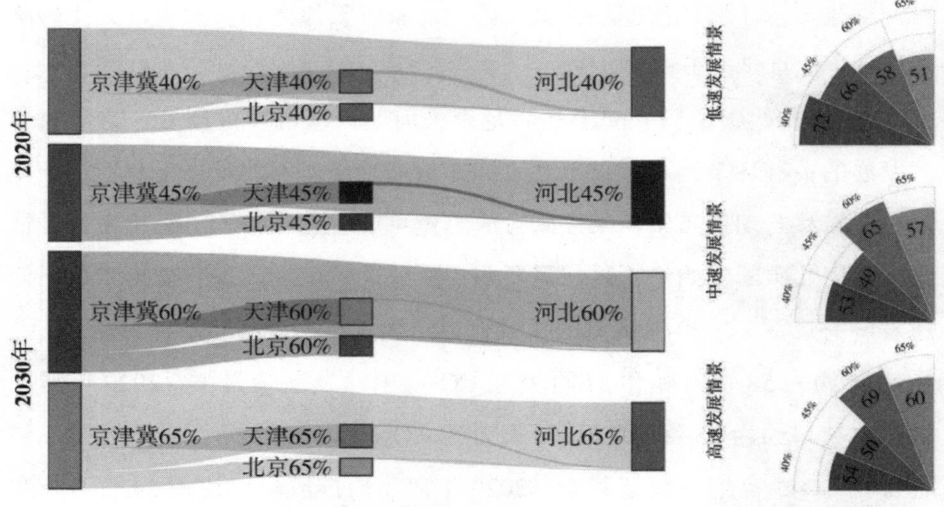


（a）京津冀地区碳配额流向　　（b）河北省配额缺口

**图 5.10　不同发展情景下京津冀区域碳配额交易量**

单位：百万吨 $CO_2$。

## 5.5 结论及政策启示

为支撑碳排放权交易市场建设，本章从区域公平视角出发，建立了碳排放权配额分配模型。在综合考虑地区减排能力、减排责任和减排潜力的基础上，构建了综合区域碳配额分配综合指数（R-IAI），可以实现不同气候政策情景下配额总量在区域内部分配。本章将此模型应用到京津冀区域碳交易机制设计中，并得出以下主要结论。

（1）地区历史累积碳排放总量对综合权重影响最大。根据组合赋权法，确定减排责任、减排潜力和减排能力三项指标的权重分别为51%、36%和11%，减排责任对综合权重影响最大，减排潜力次之。

（2）在未来可能的社会经济发展趋势下，2020年京津冀地区碳排放总量为14.5亿～15.8亿吨$CO_2$；2030年为15.7亿～21.3亿吨$CO_2$。配额分配结果显示，河北碳配额最大，约为北京、天津之和；北京、天津碳配额接近，北京略高于天津。

（3）初始碳配额分配无法满足未来河北地区的实际需要。京津冀协同发展的关键环节是疏解首都北京的非核心功能。河北承接了北京、天津的产业转移与功能疏解，未来碳排放总量可能会持续增长。无论在何种情景下，河北碳配额始终不足，需要购买额外配额或提高现有减排水平。低速发展情景下，2020年河北的排放缺口约为72百万吨和66百万吨$CO_2$，2030年约为58百万吨和51百万吨$CO_2$；中速发展情景下，2020年河北的排放缺口约为53百万吨和49百万吨$CO_2$，2030年约为65百万吨和57百万吨$CO_2$；高速发展情景下，2020年河北的排放缺口约为54百万吨和50百万吨$CO_2$，2030年约为69百万吨和60百万吨$CO_2$。

基于上述结论，得出以下几点政策启示。

（1）基于国家提出的京津冀协同发展的战略规划，建立兼顾减排效率与区域均衡发展的国内联合履约机制。在已有的北京市、天津市碳交易市场的基础上，建立跨行政区域碳排放权交易市场，推动国内联合履约。同时，尽快出台相关法律法规等配套措施，引导地方政府之间合理竞争，避免出现“搭便车”等现象。

（2）北京、天津有较为充足的资金改进生产技术、促进节能技术的研发，因而减排能力较强，但其减排成本相对较高。河北减排技术相对落后、减排资金相对不足。建立区域碳排放权交易市场后，北京、天津可向河北购买碳配额，以达到减排目标。通过市场化手段提高京津冀地区节能减排效率，实现优势互补。

（3）初始碳配额分配也是保证碳交易机制能够兼顾公平和效率的关键。在分配方法设计上，要符合体现地区、企业间公平性的要求。每一种配额分配方式都有自身的优劣，针对不同的碳交易市场，配额分配机制需要在实践中不断摸索和调整。在省级行政单位内进行配额分配时，应重视区县之间的经济发展差距，优先考虑经济效益。

（4）河北可采取更有力的减排措施，利用减排成本优势，通过碳交易市场获得资金，用于减污降碳协同治理。在控制煤炭消费总量的前提下，河北需大幅提高电煤在煤炭消费中的比例，同时积极研发推广低碳技术、加大减污降碳协同治理力度等，以现有配额量满足排放需求，甚至产生盈余以供市场交易。同时，应重视化解高碳行业过剩产能和职工转岗安置再就业的问题。相关部门需继续推进简政放权、小微企业减税等政策，支持个体私营经济和小微企业发展，将劳动力向民营企业及第三产业分流。

## ◉ 5.6 本章小结

本章构建了区域碳配额分配模型。为兼顾减排效率与区域均衡发展，设置配额分配综合指数，实现了在不同气候政策情景和社会经济发展条件下的配额分配。进一步地，预测现有分配方案与各地区未来实际配额需求之间的差异，量化各方配额缺口，为区域碳市场配额交易的规模和流向提供参考。与已有碳配额分配模拟研究相比，本章将宏观配额分配结果应用到了微观区县市场机制设计中，为区域协同发展趋势下地区联合履约机制的设计提供决策支持。目前的研究还存在一些不足。比如没有考虑碳价不确定性对碳市场交易的影响；没有考虑技术进步的不确定性对地区减排的影响；没有考虑地区之间的技术转移和资金支持。未来，可以将以上不确定性引入区域碳配额分配模型中，进一步提高政策模拟的准确度和市场机制设计的可行性。

# 第 6 章　行业碳排放权交易效果评估：基于优化模型

## ◉ 6.1 引　言

统计数据显示，人类生产、生活活动导致的温室气体排放约占全球温室气体排放总量的90%以上，其中5个主要温室气体排放部门（能源供应业、工业、林业、农业和交通运输业）中，多数是化石能源相对集中的部门[149]。《IPCC全球升温1.5℃特别报告》指出，到本世纪末，将全球变暖限制在1.5℃，需要在“土地、能源、工业、建筑、交通和城市方面进行快速而深远的转型”。要实现全球温控排目标，各行业均需作出努力[5]。过去20年，随着经济全球化以及发展中国家人民生活水平的不断提高，交通运输行业已成为全球石油消耗量最多和石油需求量增长最快的部门，也是$CO_2$排放量增长最快的部门[150]。如果不实施积极的、可持续的减缓政策，到本世纪中叶，全球交通行业的碳排放量将比2010年增加两倍以上[128]。随着工业化、城镇化进程的不断加快，作为国民经济的基础性产业，我国交通运输行业蓬勃发展带来$CO_2$排放量呈现不断增长的趋势（图6.1）。面对严峻的减排压力，加大交通运输行业节能减排力度已成为国家应对气候变化工作中的重要环节。

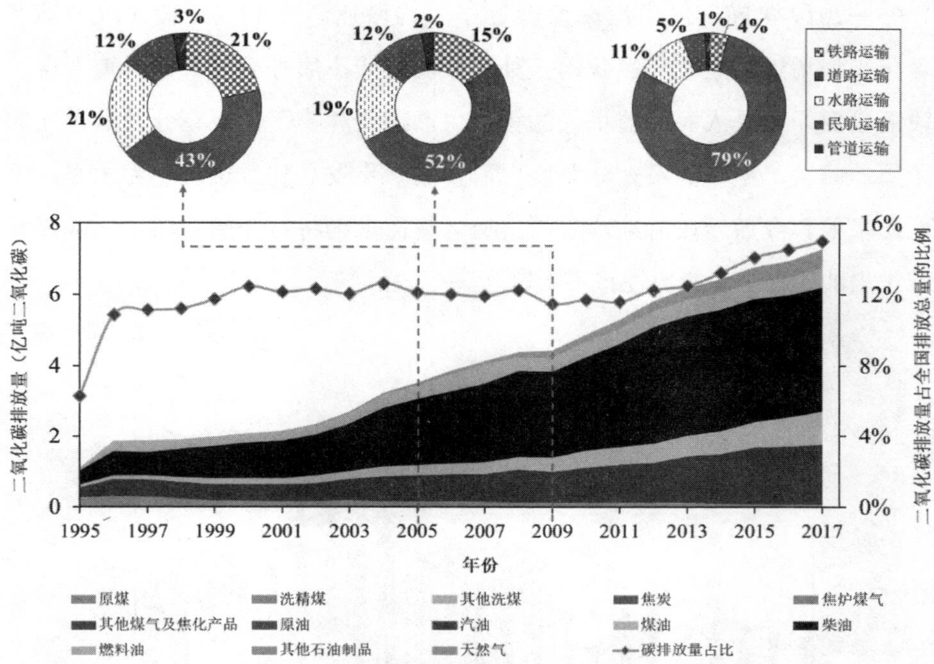


**图 6.1　我国交通运输业碳排放量变化趋势及碳排放量构成（1995—2017 年）**

如图 6.1 所示，1995—2017 年（“九五”规划至“十三五”规划期间），交通运输能源消费引起的 $CO_2$ 排放量年平均增长率超过 10%，占全国排放总量的比重由 6.3% 提高到 15%。其中，柴油消耗引起的排放量占比最高，约为 48%；汽油次之，约为 23%。道路运输行业是交通碳排放的绝对主体，其 $CO_2$ 排放量由 2008 年的 43% 增加到 2015 年的 79%。近年来，随着节能减排工作的逐步深化，通过技术改造和设备更新换代、提高管理效率以及调整能耗结构等措施，交通运输行业节能减排工作取得了一定的进展。然而，作为全球最大的新兴经济体，我国以各种运输方式承担的客货运输量增长迅速。统计数据显示，客运周转量保持了超过 14% 的年增长率，从 1995 年的 9002 亿人公里增加到 2017 年的 32812 亿人公里；货运量从 1995 年的 123 亿吨增长到 2017 年的 480 亿吨，货运周转量年平均增长率超过 13%（图 6.2）。与此同时，城市机动化进入了高速发展时期。

1995—2017 年间，民用汽车保有量年平均增速超过 14%，私人汽车拥有量年平均增速高达 22%。我国正处于全面建成小康社会的关键时期，现阶段的主要矛盾是人民日益增长的美好生活需要和不平衡不充分发展之间的矛盾。解决“不平衡不充分发展”需要进一步发展和改进生产力水平。因此，当前和今后一段时期，我国交通运输需求仍将持续快速增长，低碳发展带来的压力感和紧迫性将不断增强。

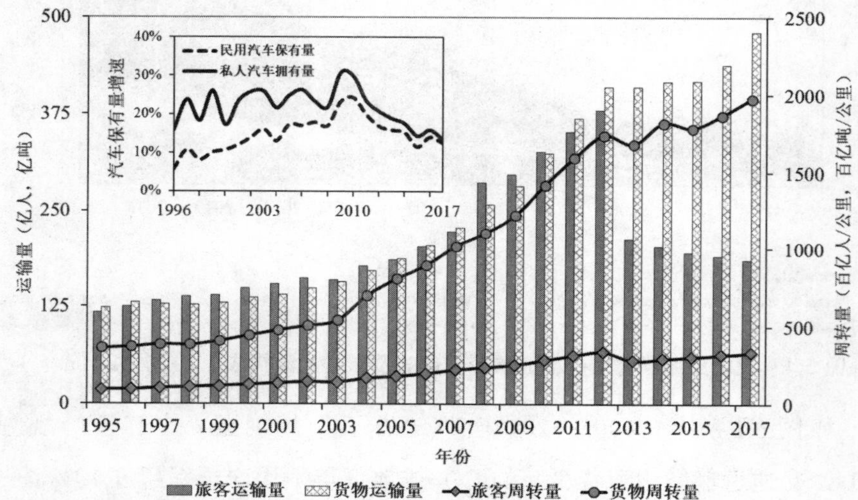


**图 6.2　我国交通运输行业发展现状（1995—2017 年）**

为有效控制和减少温室气体排放，国家发改委批准北京、天津、上海、湖北、重庆、广东和深圳等七省市开展碳排放权交易试点，并于 2017 年启动全国碳排放交易体系。全国碳市场的建设坚持先易后难、循序渐进的原则，在发电行业（含热电联产）率先启动，并将逐步扩大参与碳市场的行业范围。七个试点省市在起步阶段，均将电力、化工、有色、钢铁等传统高耗能行业纳入交易 [151]。与工业和制造业等固定排放点源相比，交通系统的移动点源碳排放不易于管理和监测 [152]，因此，大多数排放交易市场未将其纳入控排范围。截至 2019 年 3 月，全球碳排放交易体系中，仅有美国加利福尼亚州、加拿大新斯科舍省、加拿大魁北克省、新西兰包含了交通运输业[153]。除航空业被计划纳入全国碳交易市场之外，其他机场、港口、轨道交通等仍以试点为基础进行交易。交通运输业是人为活动碳排放的第二大来源，仅次于电力与热力生产部门，其节能减排效果如何对社会整体减排目标的实现至关重要。在由局部试点向全国碳市场过渡的关键时期，有必要探索如何将交通运输业纳入碳排放权交易市场，借助市场化手段进一步推动节能减排。

国际碳交易的实践表明，评价碳交易制度是否有效，关键看对履约主体的激励作用和减排的实际效果。企业作为碳交易制度的参与主体，其是否参与碳交易决定了政策实施效果，进一步影响整体减排效果。因此，探究碳交易对企业的影响具有重要的理论和现实意义。本章综合考虑了我国运输企业在发展过程中面临的经济、技术、环境和政策等多方面因素，建立碳排放权交易机制有效性评价模型，以运输企业为例进行实证研究，并在此基础上提出了交通行业碳交易市场和监管机制设计方案。研究结果可为交通运输行业参与全国碳交易市场提供科学支撑和决策依据。

第二部分归纳了现有碳市场配额分配方式及企业参与碳交易情况；第三部分介绍了模型框架和建模过程；第四部分介绍了实证应用案例以及相关数据；第五部分讨论并分析了计算结果；第六部分对全文进行总结、提出政策建议。

## 6.2　现有碳配额分配方式及企业参与碳交易的情况

配额分配是碳排放权交易的初始环节，其分配方式的选择直接影响碳交易市场的运行。配额分配的目标是保证碳配额初始分配的公平性。目前常用的碳配额分配机制主要包括三种：免费分配、公开拍卖、免费分配与公开拍卖结合。

（1）国际碳市场的配额分配多采用“免费＋拍卖”的方式

欧盟碳交易市场（EU ETS）根据“总量控制、责任均摊”的原则，首先确定各成员国的碳排放总量，再由各成员国分配给各自国家的履约企业；加州碳交易市场将每年分配的配额数量称作“配额预算”，每一份配额等于1吨的碳排放，配额的分配采用免费和拍卖两种方式相结合的方法；新西兰碳交易市场没有对总排放量进行限制，部分行业可以获得免费配额。为鼓励企业参与，EU ETS在起步阶段，配额分配主要采用免费发放的方式，免费配额占比95%以上[154]；第二阶段采用配额拍卖的比例有所上升，但仍被限制在10%以内；从第三阶段起，EU ETS规定至少50%的配额要进行拍卖，避免出现企业因免费配额而获得大量额外收益，引起碳价不断走低的情况。

（2）国内碳交易试点省市以免费分配为主

由于经济社会发展程度不同、产业结构有异，国内碳交易试点省市配额分配制度具有一定的地域特色。试点地区主要通过“自下而上”收集排放源数据和“自上而下”确定年度排放目标，各地制定了包括由现有企业配额、新增产能配额和调控配额组成的排放总量配额。七省市基本上都以免费分配为主，只有广东和深圳拍卖一定比例的配额。目前主要免费分配方式包括基于历史排放量、基于历史排放强度和行业基准法。除重庆外，其他省市都采取了多种分配方式结合的方法，其中既有企业和设施以历史排放法为主，新增设施以行业基准法为主。北京和天津的电力和热力部门的既有设施采取基于历史强度方法进行分配（表6.1）。从配额分配模式上看，北京、深圳和湖北采用免费配额、竞价拍卖和定价出售混合配额的分配机制。上海、天津和重庆采用免费配额一种模式。北京市交通运输行业基于历史基准年对配额进行分配；上海市按照历史碳排放强度和年度业务量对航空港口、水运企业进行配额分配，对机场按照历史排放法确定碳配额。目前，各碳交易试点管控企业的确定主要以$CO_2$排放量为标准，且管控的行业和各管控行业纳入企业的碳排放量界定标准差异较大。在试点阶段，七省市的区域市场仅覆盖了 1800 余家企业。各试点企业参与数量不是很多，且以战略性合作会员为主。由于我国碳市场起步较晚，存在诸多不确定性因素，后期交易规则尚不明确，因此绝大多数企业选择观望而不是投入实际减排行动。未来政府应制定更多的激励和扶持政策予以支持，推动碳交易市场发展。

**表 6.1　试点省市碳交易市场配额分配方法及管控企业**

| 试点 | 管控行业 | 管控企业数量 / 个 | 配额分配原则 | 配额分配模式 | | |
|---|---|---|---|---|---|---|
| | | | | 免费分配 | 竞价拍卖 | 定价出售 |
| 北京 | 发电供热、制造业和其他工业企业、服务业 | 600 | 历史法 + 基准法 | ≥ 95% | <5% | <5% |
| 天津 | 化工、石化、钢铁、电力热力、尤其开采等重点排放行业 | 114 | 历史法 + 基准法 | 100% | — | — |
| 上海 | 钢铁、石化、化工、有色、建材、纺织、造纸、橡胶、化纤等行业，商场、宾馆、商务办公建筑及铁路站 | 200 | 历史法 + 基准法<br>先期减排 + 滚动基年 | 100% | — | — |
| 广东 | 电力、钢铁、石化和水泥 | 242 | 历史法 + 基准法<br>滚动基年 | ≤ 97% | ≥ 3% | — |
| 深圳 | 工业行业、制造业、公共建筑 | 832 | 基准法 + 多轮博弈 | ≤ 95% | ≥ 3% | ≥ 2% |
| 湖北 | 钢铁、化工、水泥、汽车制造、电力、有色、造纸等行业 | 138 | 历史法 + 基准法<br>滚动基年 | ≥ 90% | ≤ 3% | — |
| 重庆 | 电解铝、铁合金、电石、烧碱、水泥、钢铁 | — | 自主申报 | 100% | — | — |
| 全国 | 电力、水泥和电解铝 | 1700 | 基准法 | | | |

目前国内关于碳排放权交易的研究主要集中在一级市场交易。由于碳交易二级市场起步晚，数据有限，因此大多数研究采用定性方法对二级市场交易进行分析。近年来，沈洪涛等 [155] 基于 2012—2015 年上市公司数据

建立双重差分模型，研究碳交易对企业减排效果的影响；陆敏等[156]基于动态博弈模型，研究了历史排放量和基准产出两种免费分配方式对碳排放配额交易价格和碳交易企业收益的影响；Chang 和 Lai[157]以台湾东北部地区为例，对道路运输业碳配额分配进行模拟研究。部分学者开始关注碳配额分配对企业生产经营决策的影响。比如，叶飞等[158]构建了基于差异化配额分配策略的古诺模型，分析了不同碳配额分配策略对碳排放企业或发电机组利润、产量、碳排放量以及碳价的影响；任杰等[159]研究了碳交易机制下考虑产能约束的企业生产和碳交易决策。综合来看，现有关于碳交易有效性评价的研究大多停留在宏观层面，对企业减排决策问题和成本收益问题研究的比较少。因此，本章从企业层面构建碳交易有效性评价模型，从环境效益和经济效益两个方面，为企业提供量化评估结果。

## 6.3 碳排放权交易有效性评价模型

作为全球气候治理的主要政策工具，碳交易机制是否有效决定了其可行性和连续性。本节将从建模思路和计算过程两方面介绍碳排放权交易有效性评价模型。首先介绍评估碳交易机制的研究思路和框架，然后介绍模型的构建过程。

### 6.3.1 研究框架

图 6.3 展示了碳排放权交易有效性评价模型（climate governance assessment-carbon emissions trading model，CGA-CET）的基本框架。模型以碳排放权交易是否经济有效为评估目标，以碳交易机制对企业环境效益（即政策效果）和经济效益（即政策效率）的影响为评估内容。在此基础上，以企业

利润最大化为目标函数，综合考虑运输需求、市场价格、碳配额等约束条件，在不同的初始碳配额水平上建立优化模型。通过对比碳交易实施前后的排放总量和经济效益，评估碳交易机制是否有效；通过对比不同碳配额分配方式下的排放总量和经济效益，评估配额分配机制的节能减排效果，并得出企业在不同配额分配机制下运输模式的选择。最后，在实证研究结果的基础上，得出政策启示。

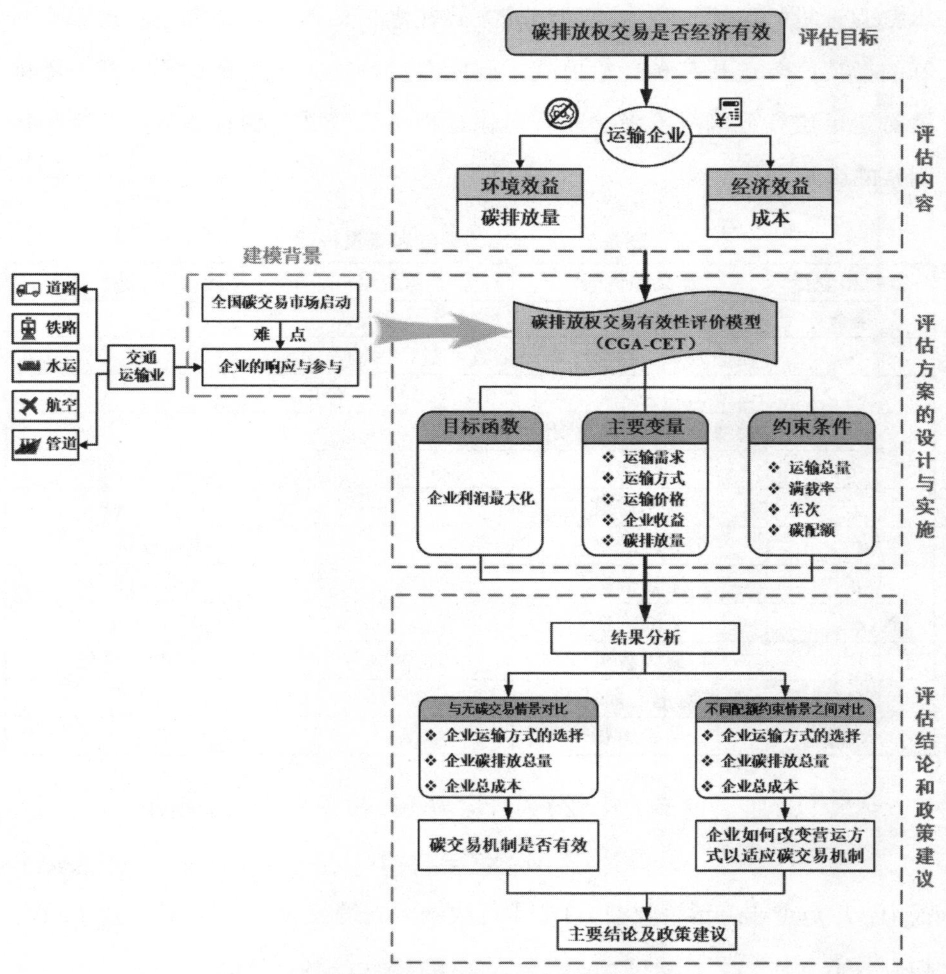


图 6.3　碳排放权交易有效性评价模型研究框架

## 6.3.2 模型构建

本节从利润优化问题出发，在考虑碳交易的基础上，以运输企业全过程的总利润最大化为目标进行建模。碳排放权交易有效性评价模型（CGA-CET）中的集合、参数和变量如表6.2所示，其中决策变量包括运输方式（$m$），运输需求（$Q$），运输价格（$P$），企业收益（$R$）和碳排放量（$E$）。本章假设货物运输过程中不同运输方式在港口、货运场站等中转地都有较好的衔接；若选择某种运输方式，则所有货物均采用该种运输方式，不能够对运量进行分割；不考虑联合运输过程中天气、运输设备故障等不可控因素的影响。

**表 6.2 模型中的参数和变量说明**

| 参数和变量 | 定义和说明 | 参数和变量 | 定义和说明 |
|---|---|---|---|
| 集合 | | | |
| $m$ | 运输方式，$m \in$ { 铁路运输，联合运输 } | | |
| $c$ | 运输工具类型，$c \in$ { 重型，轻型 } | | |
| $f$ | 燃料类型，$f \in$ {柴油，燃料油} | | |
| $o$ | 运输起点 | $d$ | 运输目的地 |
| $Q$ | 运输需求 | $R$ | 企业收益 |
| $C_m$ | 运输成本 | $E_m$ | 碳排放量 |
| $P$ | 运输价格 | TD | 运输距离 |
| $O_{\text{diesel}}$ | 柴油价格 | $O_{\text{heating-oil}}$ | 燃料油价格 |
| $W_{\text{m}}$ | 最大载重 | $\text{AEC}^{\text{railway}}$ | 火车平均电力消耗量 |
| TM | 平均电力损耗率 | $F$ | 排放因子 |
| $R_{\text{initial}}$ | 初始运费 | $R_{\text{AVC}}$ | 每吨公里的平均运费 |

本章以企业利润最大化$(Z)$为目标函数，如公式（6.1）所示。

$$\text{MAXZ} = R - \text{TC} \tag{6.1}$$

式中，$R$ 是企业总运输收益，TC 是总成本。通过公式（6.2）和公式（6.3）得到收益 $R$。

$$R = P\left(Q_{od}^{m,c,f}, \mathrm{TQ}_{od}\right) \cdot \mathrm{TQ} \tag{6.2}$$

$$\mathrm{TQ} = \sum_{o}\sum_{d}\sum_{m}\sum_{c}\sum_{f} Q_{od}^{m,c,f} \cdot \mathrm{TD}_{od} \tag{6.3}$$

式中，TQ是一定距离内的货运量；$m$是运输方式，$m \in \{\text{railway}, \text{marine}\}$；$c$是运输工具类型，$c \in \{\text{heavy}, \text{light}\}$；$f$是燃料类型，$f \in \{\text{diesel}, \text{electricity}\}$；$Q_{od}^{m,c,f}$表示运输企业选择$m$种运输方式采用$c$种运输工具消耗$f$种燃料，从$o$到$d$的运输总量；$\mathrm{TD}_{od}$表示从运输起点$o$到目的地$d$的距离。

TC是总运营成本，由公式（6.4）、公式（6.5）和公式（6.6）得到

$$\mathrm{TC} = \sum_{m} C_m \tag{6.4}$$

$$C_{\text{railway}} = \sum_{o}\sum_{d}\sum_{c}\sum_{f} O_f \cdot \text{Ceiling}\left(\frac{Q_{od}^{\text{railway},c,f}}{W_c}\right) \cdot D_{od}^{\text{railway}} \cdot \mathrm{AFC}_f^c(v) \times 2 \tag{6.5}$$

$$\begin{aligned} C_{\text{intermodal}} = & \sum_{o}\sum_{d}\sum_{c}\sum_{f} O_f \cdot \text{Ceiling}\left(\frac{Q_{od}^{\text{inter mod}\,al,c,f}}{W_c}\right) \cdot D_{od}^{\text{marine}} \cdot \mathrm{AFC}_f^c(v) \times 2 \\ & + \sum_{o}\sum_{d}\sum_{c}\sum_{f} \left(R_{\text{intial}} \cdot Q_{od}^{\text{intermodal},c,f} + R_{\text{AVC}} \cdot Q_{od}^{\text{intermodal},c,f} \cdot D_{od}^{\text{railway}}\right) \end{aligned} \tag{6.6}$$

式中，$C_m$表示第$m$种运输方式的成本；$O_f$表示每升$f$燃料的价格；$W_c$表示第$c$种运输工具的最大载重；$\mathrm{AFC}_f^c(v)$表示平均速度为$v$时第$c$种运输工具每百公里平均燃料消耗量；铁路运输费用由每吨公里的平均费用$R_{\text{AVC}}$以及初始费用$R_{\text{initial}}$两部分组成。

本章构建的CGA-CET模型目的在于分析碳交易机制对企业经济效益和环境效益的影响。为了实现上述目标，需要增加如下约束条件：

**碳排放约束：**模型假设运输企业排放量不能超过碳配额。碳排放约束如公式（6.7）所示。在不同的碳配额分配情景约束下，运输企业选择不同的运输模式以达到最大利润。碳配额约束了排放上限。

$$E_{\text{intermodal}} \leqslant CR_{\text{intermodal}} \tag{6.7}$$

$$E_{\text{intermodal}} = \sum_{o}\sum_{d}\sum_{c}\sum_{f} \text{EF}_f \left[ \text{Ceiling}\left( \frac{Q_{od}^{\text{intermodal},e,f}}{W_c} \right) \cdot D_{od}^{\text{Marine}} \cdot AFC_f^c(v) \right] \times (1+p+F) \tag{6.8}$$

式中，$\text{EF}_f$ 表示第 $f$ 种燃料的排放因子；$p$ 表示能源品种；$F$ 表示电力排放系数。

**运输需求约束：**运输企业的运输需求如公式（6.9）所示。运输需求（$Q$）受运输费用（$P$）和距离（$\text{TD}_{od}$）的影响。

$$P\left(Q_{od}^{m,c,f}, \text{TD}_{od}\right) = \frac{1}{a}\left( b - \sum_{o}\sum_{d}\sum_{m}\sum_{c}\sum_{f} Q_{od}^{m,c,f} \cdot \text{TD}_{od} \right) \tag{6.9}$$

式中，$P\left(Q_{od}^{m,c,f}, \text{TD}_{od}\right)$ 表示从起点 $o$ 到终点 $d$ 的每吨公里的运输费用。

根据《2006 IPCC 年国家温室气体清单指南》，移动源（交通部门）$CO_2$ 排放核算主要有“自上而下”和“自下而上”两种方法[160]。“自上而下”的方法基于排放量和货运量的统计数据，通过测算不同燃料的二氧化碳排放因子以及燃料消耗总量来估计碳排放量。本章采用“自上而下”的方法计算运输过程产生的碳排放量。我国铁路运输牵引作业中，有蒸汽机车、内燃机车、电气机车牵引三种形式，分别使用原煤、燃油、电力作为能源。但是三种燃料统计口径不同，需要折合成标准煤统一单位。由于蒸汽机车因烧煤效率利用较低已于 2005 年全部退役，因此本章将机车牵引分为内燃机车和电气机车两大类，其产生的碳排放量计算方式如公式（6.10）和公式（6.11）所示。

$$\text{DPE} = \text{DPEC} \cdot \text{DPF} \tag{6.10}$$

$$\text{EPE} = \text{EC} \cdot \text{EPF} \tag{6.11}$$

式中，DPEC 为柴油消耗总量；DPF 为柴油碳排放因子；EC 为电力消耗总量；EPF 为电力碳排放因子。

海运主要包括柴油轮船和燃料油轮船两类。采用不同船舶类型的燃料消耗数据，加总得到燃料消耗总量，乘以对应的排放因子可得到海运产生的碳排放量。公式（6.12）和公式（6.13）分别表示柴油轮船和燃料油轮船的碳排放量：

$$\mathrm{DME} = \mathrm{DMEC} \cdot \mathrm{DMF} \tag{6.12}$$

$$\mathrm{BME} = \mathrm{BMEC} \cdot \mathrm{BMF} \tag{6.13}$$

式中，DMEC 为柴油消耗总量；DMF 为柴油碳排放因子；BMEC 为燃料油消耗总量；BMF 为燃料油碳排放因子。

运输企业碳排放总量 TE 由铁路运输产生的排放量和海运产生的排放量两部分组成：

$$\mathrm{TE} = E_{\mathrm{railway}} + E_{\mathrm{marine}} \tag{6.14}$$

$$\begin{aligned} E_{\mathrm{railway}} = & \sum_{o}\sum_{d}\sum_{c}\sum_{f} \mathrm{Ceiling}\left(\frac{Q_{\mathrm{intermodal},c,f}}{\mathrm{RW}}\right) \\ & \times\left(D_{od}^{\mathrm{railway}} \cdot \mathrm{AEC}^{\mathrm{railway}}\right)\times\left(\frac{1}{1-\mathrm{TM}}\right)\times F \end{aligned} \tag{6.15}$$

式（6.15）中，$F$ 为电力排放因子；$\mathrm{AEC}^{\mathrm{railway}}$是每吨公里的平均能源消耗量（kWh）；TM 是电气机车的平均电损耗率（%）；RW 是每辆火车最大承载量；$\left(D_{od}^{\mathrm{railway}} \cdot \mathrm{AEC}^{\mathrm{railway}}\right)$与$\left(\frac{1}{1-\mathrm{TM}}\right)$的乘积表示每辆火车的实际电耗量。

## 6.4　实证应用及数据说明

我国煤炭资源北富南贫、西多东少。北方地区又主要集中在太行山—贺兰山之间，形成山西、陕西、内蒙古、宁夏等富煤地区，占北方地区的

65% 左右。而煤炭的消费分布则是东南多、西北少。与生产规模相比，晋陕蒙的消费能力不足，资源贫乏的东部地区耗煤产业规模较大，煤炭产消亏缺大。这种由煤炭资源分布和经济布局共同决定的区域产销盈缺失衡的矛盾，造成全国以晋陕蒙为疏流中心，以中南和华东为汇流中心的北煤南运、西煤东运的流动格局。另外，煤炭价格区域之间的差异也是煤炭流动的重要原因。煤炭主产地内蒙古、山西、黑龙江的煤价很低，煤炭消费区山东、北京、浙江、广东等地价格很高。近年来，煤炭生产西北移、消费东南移强化着这一格局。在煤炭的长途运输中，主要以铁路和水运为主。与其他运输方式相比，铁路和水运具有运能大、运距长、运价低的特点。就山西煤炭外运而言，存在铁路运输和“铁—海”联运两种主要途径。本节在我国北煤南运背景下，以运输企业实际数据为例，评估碳交易机制的影响。

在“北煤南运”的现实运输需求下，某货运企业要将一批煤炭从大同（$o$）运送到广州（$d$）。假设有两种运输方式可以选择。

（1）铁路运输：从大同出发经石太线到石家庄，从石家庄经京广线到广州，总长度约 2746 千米；

（2）“铁—海”联合运输：从大同经大秦铁路到秦皇岛，从秦皇岛港经海运到广州港，总长度约 3609 千米。

可以看到，两地之间的煤炭运输通过“铁—海”联运，总运距达到了 3609 千米；通过铁路运输总运距比联合运输要短，约为 2756 千米，且全程都是铁路运输。在铁路运输中可以选择大火车，也可以选择小火车；可以使用电力机车或内燃机车；海运中可以选择以柴油为燃料的轮船，也可以选择以燃料油为动力的轮船；轮船和火车运输中均存在满载和不满载两种可能。

本章所用到的数据主要来自国家统计局和 Wind 数据库。能源消耗方面的数据包括各交通运输方式各种能源的终端消耗量，单位为万吨标准煤，数据来源是《中国能源统计年鉴》和《中国交通运输统计年鉴》。根据2010—2015 年间山西到广东煤炭运输量，假设煤炭运输总量为 2405 万吨。参考山西产动力煤 2015 年在广东的市场价格，假设煤炭售价为 405 元 / 吨。煤炭运输价格包括铁路运输价格和海运价格，单位为元 / 吨，采用 Wind 数据库统计的 2015 年平均价格。燃料价格包括柴油、燃料油和电力，单位是元 / 吨，参考 Wind 数据库统计的 2010—2015 年平均价格。模型的主要输入参数如表 6.3 所示。

**表 6.3 模型的主要输入参数**

| 参数和变量 | 单 位 | 大 秦 线 | 京 广 线 | 海 运 |
|---|---|---|---|---|
| 煤炭运输总量 | 万吨 | 2405 | | |
| 煤炭价格 | 元 / 吨 | 405 | | |
| 运输距离 | 千米 | 653 | 2476 | 2956 |
| 运输价格 | 元 / 每吨公里 | 0.1001 | 248 | 45 |
| 每公里平均电耗 | kWh/t · km | 116.93 | 116.93 | — |
| 每公里平均油耗 | 千克 / 千吨 · 海里 | — | — | 3.27 |
| 柴油价格 | 元 / 吨 | — | 8100 | 8100 |
| 燃料油价格 | 元 / 吨 | — | — | 4972 |
| 电价 | 元 / 千瓦时 | 0.65 | 0.65 | — |
| 电力损失量 | % | 7.5% ～ 8.0% | 7.5% ～ 8.0% | — |
| 最小运次 | 次 | 1143 | — | 417 |
| 燃料油燃烧值 | kJ/kg | — | — | 41816 |
| 柴油燃烧值 | kJ/kg | — | 42652 | 42652 |
| 燃料油排放因子 | $kgCO_2/TJ$ | — | — | 73187 |
| 柴油排放因子 | $kgCO_2/TJ$ | — | 74100 | 74100 |
| 燃料油排放系数 | $CO_2/kg$ | — | — | 3.060 |
| 柴油排放系数 | $CO_2/kg$ | — | 3.161 | 3.161 |
| 电力排放系数 | $CO_2/kg$ | 1.0302 | 1.0302 | — |

注：电力排放因子参考华北电网。能源燃料燃烧值采取平均低位发烧量，来自能源统计年鉴，排放因子来自于《2006 IPCC 国家温室气体排放清单》。

# 6.5 结果分析与讨论

碳排放权交易市场政策敏感度高，其稀缺性完全由政府设计，因此存在着诸多不确定性。其中，碳交易实施力度的不确定性主要体现在两个方面：即碳配额分配机制的不确定性和碳价格年度增长率的不确定性。免费碳配额比例越高，政策实施力度越弱；初始碳定价越高，碳价年度增长率越大，政策实施力度越强。本节将考察碳配额分配机制的不确定性对履约企业的影响。主要包括以下三方面：碳交易机制带来的节能减排效果评估；碳交易政策实施力度不确定性对企业节能减排效果的影响；交通运输企业不同碳配额约束下的运输策略的选择。

## 6.5.1 碳交易政策实施力度的不确定性对决策变量影响

基于 CGA-CET 模型，本节分析了碳交易政策实施力度的不确定性对运输企业的经济效益（如净收益、运输成本、市场需求、运输价格等）、环境效益（碳排放量）以及运输方式（单一运输或联合运输）的影响。如图 6.4 所示，碳交易政策实施力度的增强对企业碳排放量、联合运输分担率有正向影响；对总运输需求、净收益的影响为负。在交通运输企业纳入碳交易市场之后，随着免费配额的不断收紧（从 90% 下降到 40%），从山西大同运输 2405 万吨煤炭至广州产生的碳排放量由基准情景的 749 万吨 $CO_2$ 下降到 447 万吨 $CO_2$，与基准水平相比减少了 37.4%。碳交易机制的引入会导致企业总成本的轻微波动（–1.62% ～ 0.99%）。当免费配额比重仅为 40% 时，总成本与基准情景相比增加了不到 1%。碳交易机制会导致运输价格提高，但影响较小（1.57% ～ 1.90%）。从模拟结果看，引入碳排放权交易机制能够有效抑制碳排放。随着政策约束力的不断提升（即免费配额比重不断下降），运输企业产生的 $CO_2$ 排放量不断下降。与此同时，企业经济活动受到的影响较小。

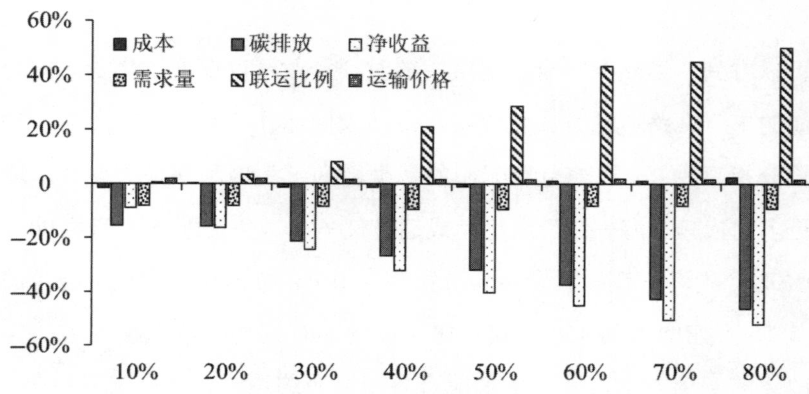


图 6.4　免费碳配额比例的变化对企业的影响

## 6.5.2　碳交易政策实施力度的不确定性对减排效果影响

初始碳配额分配中免费配额比例的下降对运输企业减排效果的影响如表 6.4 所示。当免费配额比例从 90% 下降到 40% 时，企业减排量从 75 万吨 $CO_2$ 增加到 450 吨 $CO_2$。免费配额比例每下降 10%，$CO_2$ 排放量会减少 78 万吨、119 万吨、159 万吨、200 万吨、233 万吨和 303 万吨；运输需求量会减少 2311 万吨、2331 万吨、2351 万吨、2659 万吨和 2308 万吨；与此同时，运输成本的变化幅度不足千元。

表 6.4　免费配额比例对运输企业碳排放量和市场需求量的影响

| 配额比例（%） | 10 | 20 | 30 | 40 | 50 | 60 |
|---|---|---|---|---|---|---|
| 联运分担率（%） | 0.7 | 3 | 8 | 21 | 29 | 43 |
| 减排量（万吨） | 78 | 119 | 159 | 200 | 233 | 303 |
| 需求量（万吨） | −2311 | −2331 | −2351 | −2659 | −2679 | −2308 |
| 成本（万吨） | −0.02 | 0.003 | −0.012 | −0.011 | −0.01 | 0.01 |

### 6.5.3　碳交易政策实施力度的不确定性对企业运输方式选择的影响

可以看到，当碳配额全部免费发放时，企业可以仅通过集货时间短、操作便捷的单一铁路运输方式将煤炭从山西大同运往广州，此时“海—铁”联合运输分担率为0。随着免费配额的减少，为了实现利润最大化，运输企业需要更多的依赖“海—铁”联运完成运输任务。当免费配额比例由90%下降到40%时，“海—铁”联合运输分担率从0.7%增加到43%，可减少的碳排放量从75万吨增加到450万吨。如果以增加有偿初始碳配额的方式加大碳交易政策的实施力度，联合运输能有效帮助履约运输企业完成减排任务。

从经济成本以及便捷可靠的角度来看，运输企业选取单一铁路运输更可取。但综合考虑环境效益，从长期角度来看，企业可以逐步提高联合运输方式的分担率。如若实现碳排放量在现有基础上减少一半，运输企业联运分担率至少要在现有基础上增加30%。在国家全面开展碳交易政策的背景下，企业可以有机结合铁路运输安全、高效、便捷，海运成本低、运距长、运量大的特点，整合资源，最大限度发挥每种运输方式的优势。

### 6.5.4　交通运输行业碳交易机制设计

我国运输市场由五个子市场组成：铁路运输市场、公路运输市场、航空运输市场、水路运输市场以及管道运输市场。公路运输市场由于进入门槛很低，出现大量规模不一的运输企业充斥的局面。以客运为例，2008年我国排名前30的客运企业，其年客运量、客运周转量仅占全国公路运输客运总量的15.2%和10.8%。市场上存在数千个客运、货运企业，提供的运输服务具有很高的相似性，因此竞争非常激烈，属于完全竞争市场，具有以下特点。

（1）市场中既存在寡头企业，同时存在很多中小企业。这种大中小企业并存的局面要求在初始碳排放权分配时要区别对待，同时兼顾公平。

（2）不断有新的企业要进入运输市场。因此，为了防止寡头势力利用排放权排挤新企业的进入，政府要预留一定的配额给新进的企业。

（3）国有企业和私有企业同时存在，属于垄断竞争行业，两种类型企业之间的信息不是完全透明的。因此，在机制设计时要提高信息透明度。

根据我国运输行业市场的特点，本着公平但有区别的分配原则，我国运输行业初始碳排放权应采用免费分配与拍卖相结合的分配方式。一级市场注重公平，二级市场注重效率，同时，提高信息透明度和企业参与的积极性（图 6.5）。

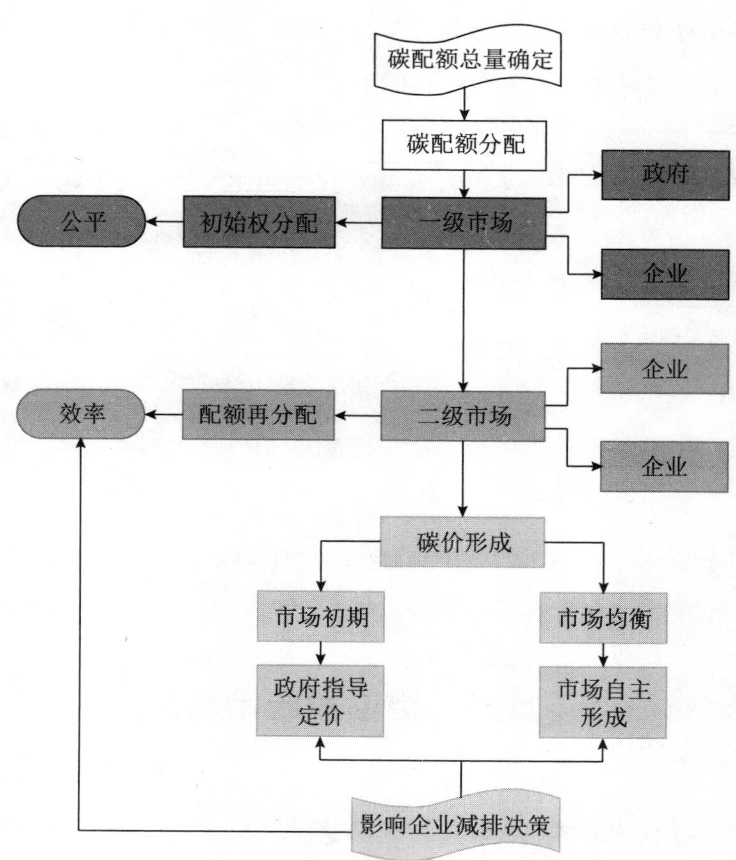


图 6.5　运输业碳交易运行机制设计

监督机制是碳交易市场得以持续、健康运行的关键。借鉴发达国家的先进经验以及我国"两省五市"试点地区的尝试，本研究依据碳排放权交易的相关机制，建立了一个从上到下、从内到外的立体监督机制（图 6.6）。纵向监督是交通部门联合环保部门对碳排放权交易整套流程自上而下的监督。中介交易机构是对机动车出行者的监督，也包括机动车出行者自下而上对中介交易机构的监督。横向监督是机动车出行者之间的监督，对于政府总量确定以及初始分配的监督。外部监督包括舆论监督与公益组织监督。社会公众和媒体属于舆论监督，通过报纸、网络等方式对于政府部门及相关机构的交易不公正、监管不作为进行曝光，力争将碳交易每一个环节做到公开透明。环保公益组织对碳交易机制进行独立调查，发现其中的漏洞与问题，进而向相关部门反映，提出改进办法。

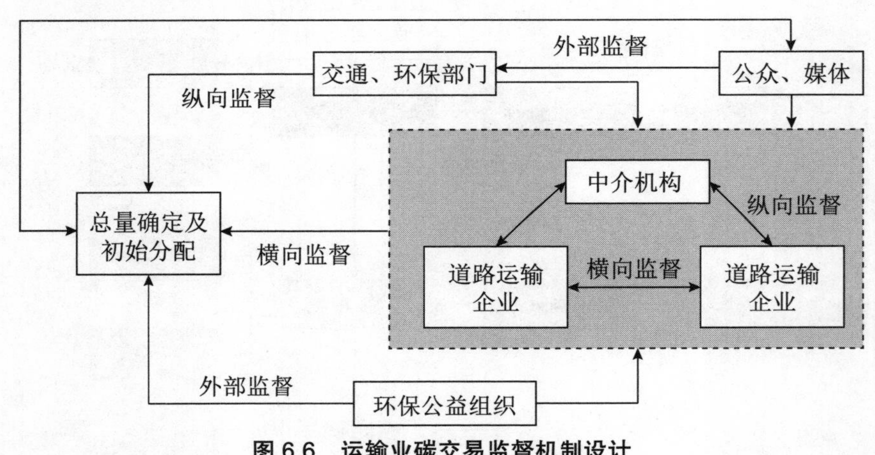


图 6.6 运输业碳交易监督机制设计

## ◉ 6.6 结论及政策启示

为了支撑我国碳排放权交易市场的建设，本章建立碳排放权交易有效性评价模型 CGA-CET 模型，以企业总成本最小化为目标，综合考虑了市场需求、碳配额约束等因素，将该模型应用到交通运输企业模拟中，并得到以下几点主要结论。

（1）碳交易机制的引入会导致企业总成本的轻微波动（–1.62% ～ 0.99%）。当免费配额比重仅为 40% 时，总成本与基准情景相比增加了不到 1%。碳交易机制会导致运输价格提高，但影响较小（1.57% ～ 1.90%）。从模拟结果看，引入碳排放权交易机制能够有效抑制碳排放。随着政策约束力的不断提升（即免费配额比重不断下降），运输企业产生的 $CO_2$ 排放量不断下降。与此同时，企业经济活动受到的影响较小。

（2）从模拟结果看，碳排放权交易机制能够有效降低企业减排成本。如果不及时在交通领域推广碳交易，企业可能会转向采用低碳技术来减排，影响企业参与碳交易的积极性，不利于碳交易的推广和碳市场的发展。

（3）以增加有偿初始碳配额的方式加大碳交易政策的实施力度，联合运输能有效帮助履约运输企业完成减排任务。当碳配额全部免费发放时，企业可以仅通过单一铁路运输方式将煤炭从山西大同运往广州，此时“海一铁”联合运输分担率为 0。随着免费配额的减少，为了实现利润最大化，运输企业需要更多的依赖联运完成运输任务。当免费配额比例由 90% 下降到 40% 时，“海一铁”联合运输分担率从 0.7% 增加到 43%，可减少的碳排放量从 75 万吨增加到 450 万吨。

基于上述结论，得出以下几点政策启示。

（1）碳排放权交易能够有效减少交通运输业产生的碳排放。在全国碳交易市场交通运输业 MRV 制定时，政府应将多种交通运输方式纳入碳交易体系中。

（2）碳配额免费分配模式更能鼓励企业参与。我国碳交易机制的建设尚处于起步阶段，因此在碳交易体系建设的初期，以免费分配为主的渐进混合模式是较为合适的选择。免费分配应以历史法为基础，同时将企业的减排绩效纳入考虑。

（3）联合运输带来的节能减排效果明显。我国目前联合运输份额与国际平均水平 20% 相比差距过大，未来应充分发挥不同运输方式的比较优势推动联合运输；与此同时，建设多式联合运输相关枢纽配套设施，发展航空、港口集疏运体系，重点建设公路、铁路进港工程等。

## ◉ 6.7 本章小结

本章建立碳排放权交易机制有效性评价（CGA-CET）模型。在碳交易政策实施力度不确定性条件下，从经济效益和环境效益两个方面，考察碳交易机制对履约企业的影响，并以运输企业为例进行实证研究。与电力、钢铁等能源密集型行业相比，交通运输业涉及机场、港口、轨道交通等，既有固定源排放又有移动源排放，碳排放边界难以确定，全面实施碳交易难度大。本章的研究结果对于拟定行业碳减排政策、引导企业绿色转型、推动交通运输行业纳入碳交易市场具有一定的理论价值和现实意义。

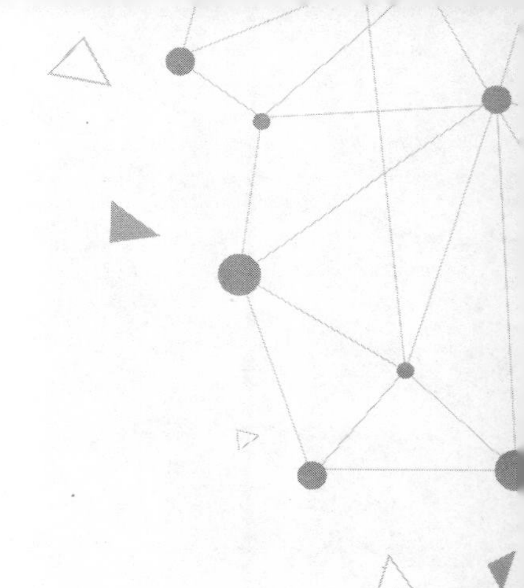

# 第 7 章　中国多尺度减排方案评估：基于多源数据融合模型

## ◉ 7.1 引 言

我国一直是全球应对气候变化事业的积极参与者，是世界节能和利用新能源、可再生能源第一大国。从管理层面看，评估和改进气候治理政策在中长期发展规划中的地位和作用日益凸显，是转变经济发展方式、实现高质量发展的必由之路。对外为我国参与全球气候治理寻找最优合作路径，对内为各地方制定“碳达峰”方案提供决策依据，评估和改进气候治理政策十分必要、也非常迫切。在我国的组织结构和国家政权体系中，县一级处在承上启下的关键环节，是政策执行主体。但是现有的 NDC 目标以及温控目标下的减排责任均为全国尺度，没有考虑地区差异，无法调动地方政府力量主导碳中和实施，直接影响到精准碳减排政策的制定和落实。网格数据的密度值不受行政区域边界变更的影响，可用于开展多尺度研究工作。在此背景下，基于气候政策评估结果开发独立于行政边界的网格数据，对于温控目标下差异化减排政策的制定和减排效率的提高具有重要的理论和现实意义，有助于提高后巴黎时代气候行动管理和评估的智能化水平。

应对气候变化不仅涉及环境科学、气候与大气科学、地球科学等自然科学领域，还涉及管理学、伦理学、国际关系等社会科学领域，是社会、经济和环境三大系统之间的交互作用和博弈。气候变化综合评估模型（Integrated Assessment Model，IAM）将气候系统与经济系统耦合于同一分析框架内，可以给出权衡长期经济发展和应对气候变化的最优路径，提供不同时间段、反映“轻重缓急”的应对方案。自 20 世纪 70 年代威廉 • D. 诺德豪斯发表气候经济建模领域第一篇论文——《我们能否控制碳排放》[161] 以来，IAM 模型数量逐渐增多、架构逐步完善，被广泛应用于政府政策制定以及 IPCC 等系列评估报告中，已成为现阶段评估气候治理政策最主流的分析工具 [162]。但是，现有的 IAM 模型几乎都是采用简单气候模式（仅考虑单一气候要素影响，如温度或降水）与社会经济模型耦合，无法预估气候变化对社会经济发展在多维时空尺度的复杂影响。而地球系统模式是基于地球系统中的动力、物理、化学和生物过程建立数学物理模型，能够对地球系统的复杂运动过程进行模拟和预测，对各种气候情景响应的估测更准确客观。Moss 等 [163] 指出，耦合地球系统模式和社会经济系统可以更精确地反映出人类系统和地球系统之间的交互关系，是气候变化综合评估建模的发展方向。但是，由于两类模型在研究的维度、空间分辨率等方面存在很大差异，实现双向耦合需要解决诸多问题。首先，要解决两类模型在时空运行尺度不一致的问题。主要的全球气候变化情景研究大都以行政区域为运行单元，把世界分成了若干个区域。为了与地球系统模式耦合，需要将基于行政区域划分的调查数据、普查数据以及统计数据转化为能够与自然地理区域或者标准网格系统相互兼容的数据格式。尺度转换是实现数据同化、形成统一模型的关键。因此，实现社会经济模型与地球系统模式的双向耦合的前提是统一两种模型所使用的数据尺度，形成统一的分析数据平台，进而才能研究两者之间相互作用（如图 7.1 所示）。

将排放量控制在温控目标的要求之内，不仅在能源技术方面存在相当大的难度，在管理上也面临很大的挑战。结合地区资源禀赋、经济发展条件、温室气体控制现状，量化各地中长期减排责任，可为地方政府从决策部署、计划制订、责任分解、核查监督等方面的政策制定提供依据。全球温控目标能否实现取决于能否将其转换为各国具体的减排目标；各国具体的减排行动能否落实取决于政策执行者的行动力度和政策参与者的行动意愿。目前无论是全球层面规则的评估与改进（第4章）还是国家层面的行动设计与分析（第5章和第6章），结果报告的形式均为宏观行政单元数据。此类数据空间分辨率低，无法支持空间运算和分析，不利于结合资源环境禀赋开展模拟和预测，也无法进一步挖掘深层次的社会经济运行规律和问题。解决社会经济模型输出数据尺度大、分辨率低的问题，构建具有地理信息属性的多维数据库，在现有研究结果的基础上提供精细网格尺度的清单产品，对于差异化减排政策的制定和减排效率的提高等具有重要的理论和现实启示。

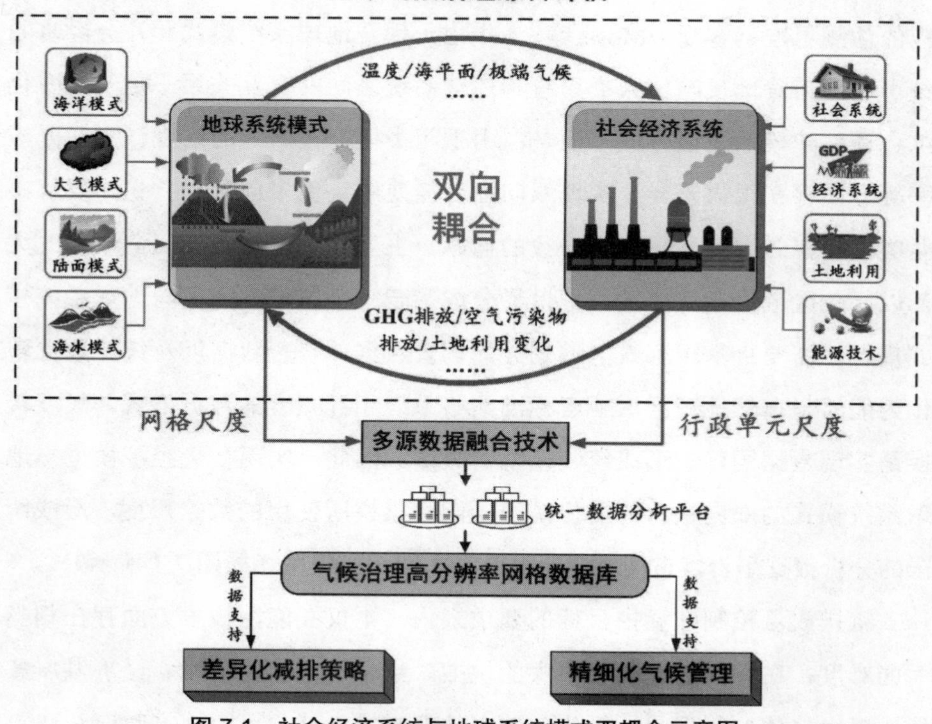


图 7.1　社会经济系统与地球系统模式双耦合示意图

本章的目的在于开发一种耦合多源多尺度数据的方法，实现数据由面到点的有效转化，为地球系统模式和社会经济系统的嵌套研究提供数据基础。在此基础上编制融合自然、经济和社会数据的精细网格尺度数据清单，为分析、模拟和预测各类社会经济要素的发展和演化提供了技术支持。第二部分介绍了多源数据融合技术的建模思路和步骤；第三部分介绍数据融合模型产品的实际应用背景和相关数据；第四部分以中国为例对算法的使用范围和使用话题进行说明；第五部分为研究结论及政策建议。

## 7.2　多源数据融合模型

本节将从建模思路和计算过程两方面介绍多源数据融合模型。首先介绍模型的研究思路和框架，然后介绍模型的构建过程。

### 7.2.1　研究框架

图 7.2 展示了多源数据融合模型的基本框架。模型以实现行政单元数据向网格尺度数据转换为目标，基于不同数据源自身特点开发四个子模块，分别是：人口网格化模型（$ST_{Pop}$）、社会经济数据网格化模型（$ST_{GDP}$）、温室气体排放网格化模型（$ST_{GHG}$）和土地利用网格化模型（$ST_{Land}$）。由于空间数据的尺度转换会导致不同程度的信息丢失、信息歪曲等，本章引入 Kappa 系数对模型精度进行检验。最后，以中国为例对多源数据融合模型的使用方式进行说明。首先得到中等发展路径（SSP2）下中国人口、GDP、温室气体排放和土地利用变化的网格尺度数据；进一步探究全球温控目标下我国减排责任在网格尺度、县级尺度、省级尺度的责任分担。最后，在实证研究结果的基础上，得出政策启示。

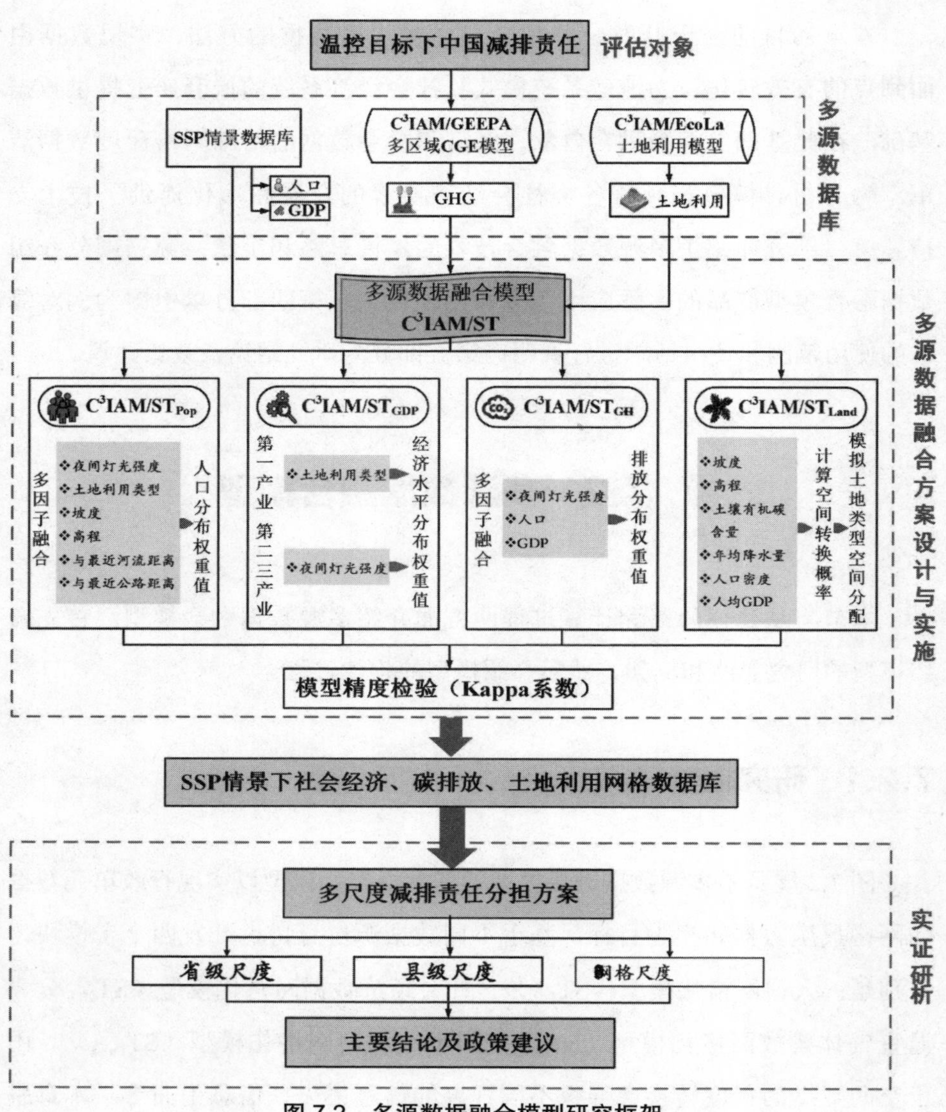

图 7.2 多源数据融合模型研究框架

## 7.2.2 模型构建

为了将社会经济系统输出的大尺度模拟结果推演至精细网格尺度，

本节分别对人口、社会经济、温室气体排放和土地利用类型变化四类数据构建网格化模型。建模主要思路是通过统计型的社会经济数据，选取适当的参数和算法，反演出统计型数据在一定时间和一定地理空间中的分布状态，创建区域范围内连续的社会经济数据表面。

## 1. 人口数据网格化模块

Elvidge 等 [164] 的研究证明夜间灯光影像与人口分布密切相关，即 DMSP/OLS 夜间灯光数据可以作为人口统计数据空间化的重要因子；Tian 等 [165] 证明土地利用数据也与人口分布密切相关，因此，土地利用数据也是本研究的直接因子之一。$ST_{Pop}$ 模块基于现有主流算法，考虑空间化方法的侧重点和数据的可获得性，选用夜间灯光强度、土地利用数据这两个与人口分布相关的主要影响因子；选用高程及坡度等地形数据、河流及公路四个辅助影响因子，分别定量描述其与人口分布的关系，然后将多因子融合为人口分布权重值并将其分配至各个像元上，进而实现行政区域数据到网格数据的转换。首先，构建人口空间化评价指标体系（表 7.1）。

表 7.1　人口空间化因子权重评价指标体系

| 目标层 $T$ | 准则层 $P$ | 指标层 $I$ |
|---|---|---|
| 人口网格化评价指标体系 $T$ | 主要影响因子 $P_1$ | 夜间灯光强度 |
| | | 土地利用类型 |
| | 辅助影响因子 $P_2$ | 坡度 |
| | | 高程 |
| | | 距最近河流的距离 |
| | | 距最近公路的距离 |

采用层次分析法（the analytic hierarchy process，AHP）计算得出夜间灯光（nlight）、土地利用（land）、坡度（slope）、高程（DEM）、距最近公路距离（road）和距最近河流距离（waterway）6 个相关因子对人口分布影响的权重分别为 25，6，1，1，1，2。进一步，得到第 $t$ 年第 $i$ 个区域

第$(x,y)$个网格的人口数量$\mathrm{Pop}_i(x,y,t)$

$$\mathrm{Pop}_i(x,y,t)=\mathrm{Pop}(i,t)\frac{W_i(x,y,t)}{\sum_{i=1}^{n}W_i(x,y,t)} \tag{7.1}$$

$$W_i(x,y,t)=W_k\times\frac{C_{ik}(x,y,t)}{\sum_{i=1}^{n}C_{ik}}(x,y,t) \tag{7.2}$$

式中，$W_i(x,y,t)$为第$t$年第$i$个区域第$(x,y)$个网格综合权重；$C_{ik}(x,y,t)$表示第$t$年第$i$个区域第$k$种指标$(k=\mathrm{nlight,land,slope,DEM,waterway,road})$的值；$W_k$表示指标的权重系数；$\mathrm{Pop}(i,t)$为研究区第$t$年总人口；$n$为第$i$个区域网格总数。根据公式（7.1）和公式（7.2），可以得到每个网格的人口数量。空间数据的处理主要在ArcGIS平台下完成，包括：由高程数据生成了流域的海拔高度、坡度和坡向图，计算出网格平均高程、平均坡度；根据公路与河流数据，生成相应的距离图，分别计算每个网格到公路与河流的平均距离。

### 2. GDP数据网格化模块

已有研究表明，夜间灯光数据与第一产业相关性不大，与第二、第三产业相关性较大。因此，$\mathrm{ST_{GDP}}$模块按照“先行业、后综合”的顺序对GDP数据进行网格化。第一产业主要分布在农村地区，由农业、林业、牧业和渔业四个产业部门组成。在国家尺度上，农、林、牧、渔可以视作均匀分布于耕地、林地、草地、水体四类土地利用类型中。因此，本节首先建立了分土地利用类型影响的第一产业增加值空间分布权重层；在得到权重层之后，再对第一产业增加值进行离散。在网格化过程中，首先统计每个区域的耕地、林地、草地和水域的总面积，然后计算每个网格单元内含有这些地类的土地总面积，将后者除以前者得到每个网格耕地、林地、草地占该区域四种土地利用类型的面积比率。利用该比率与第一产业产值相乘得到每个网格内第一产业产值的数据，实现第一产业产值网格化。在使用土地利用类型数据时，要剔除冰川、滩涂、滩地和未利用土地等不会影响 GDP 的土地类型。

$$\mathrm{GDP}_i(x,y,t)=\mathrm{GDP1}_i(x,y,t)+\mathrm{GDP23}_i(x,y,t) \tag{7.3}$$

$$\mathrm{GDP1}_i(x,y,t)=\mathrm{GDP1}_i\times\left[W_j\times\frac{\mathrm{land}_{ij}(x,y,t)}{\sum_{i=1}^{n}\mathrm{land}_{ij}(x,y,t)}\right] \tag{7.4}$$

式中，$\mathrm{GDP1}_i(x,y,t)$ 表示在第 $t$ 年第 $i$ 个区域第 $(x,y)$ 个网格与耕地、林地、草地、水域四种土地利用数据相关的第一产业 GDP 的值；$W_j(j=\mathrm{crop},\mathrm{forest},\mathrm{grass},\mathrm{water})$ 表示四种土地利用类型的权重系数；$\mathrm{land}_{ij}(x,y,t)$ 表示第 $t$ 年第 $i$ 个区域第 $(x,y)$ 个网格耕地、林地、草地和水域对应的面积。

第二、第三产业主要涉及工业、建筑业和各种服务业，对自然资源的依赖性不大，与反映社会经济发展程度的夜间灯光数据具有明显的相关性。目前土地利用数据和夜间灯光数据都无法精确区分第二产业和第三产业，因此本节提取 DMSP/OLS 夜间灯光数据强度值（$0<O\leqslant 63$），选用第二、第三产业之和建立空间化的分布模型。

$$\mathrm{GDP23}_i(x,y,t)=\mathrm{GDP23}_i\times\frac{\mathrm{nlight}_i(x,y,t)}{\sum_{i=1}^{n}\mathrm{nlight}_i(x,y,t)} \tag{7.5}$$

式中，$\mathrm{GDP23}_i(x,y,t)$ 在第 $t$ 年第 $i$ 个区域第 $(x,y)$ 个网格第二、第三产业的产值；$\mathrm{nlight}_i(x,y,t)$ 为第 $t$ 年第 $i$ 个区域第 $(x,y)$ 个网格夜间灯光强度值。

### 3. 温室气体数据网格化模块

Doll 等 [166] 将碳排放数据与夜间灯光数据做了量化分析，分别从全球和区域尺度统计出两种数据之间可能的相关关系为 0.84 和 0.73，证明了夜间灯光数据在研究碳排放方面的可靠性。基于同一区域的夜间灯光数据与 $CO_2$ 排放总量呈现正相关的结论，$ST_{GHG}$ 模块选取夜间灯光数据作为代理变量进行温室气体排放的网格化计算。选取 GDP 和人口作为直接影响因子。

$$\mathrm{Em}_i(x,y,t)=\mathrm{Em}(i,t)\times[W_k\times\frac{\mathrm{nlight}_i(x,y,t)}{\sum_{i=1}^{n}\mathrm{nlight}_i(x,y,t)}+W_k\times\mathrm{Pop}_i(x,y,t)+W_k\times\mathrm{GDP}_i(x,y,t)] \tag{7.6}$$

式中，$\mathrm{Em}_i(x,y,t)$ 表示第 $t$ 年第 $i$ 个区域第 $(x,y)$ 个网格 $CO_2$ 的排放量；$\mathrm{nlight}_i(x,y,t)$ 为第 $t$ 年第 $i$ 个区域第 $(x,y)$ 个网格夜间灯光强度值；$\mathrm{Pop}_i(x,y,t)$ 和 $\mathrm{GDP}_i(x,y,t)$ 分别为本研究计算出的网格尺度的人口数据和 GDP 数据；$\mathrm{Em}(i,t)$ 表示第 $t$ 年第 $i$ 个区域 $CO_2$ 排放总量；$W_k\ (k=1,2,3)$ 表示 3 个指标的权重系数。

### 4. 土地利用数据网格化模块

$ST_{Land}$ 模块将土地利用类型分为耕地、林地、草地和水域四类，采用土地利用动态多尺度模型（conversion of land use and its effects at small region extent，CLUE-S）模拟土地利用变化未来的分布格局。计算土地利用类型的变化率，首先需要确定影响土地利用类型变化的驱动因子。综合已有研究，选取坡度、高程、土壤有机碳含量、年均降水量、人口密度和人均 GDP 六类因子，建立各土地利用类型的 Logistic 回归方程

$$\mathrm{Log}\left\{\frac{p_i}{1-p_i}\right\}=\beta_0+\beta_1X_{1,i}+\beta_2X_{2,i}+\cdots+\beta_nX_{n,i} \tag{7.7}$$

式中，$p_i$ 表示每个栅格可能出现某一土地利用类型 $i$ 的概率；$X$ 表示各种备选驱动因素。根据现有相关研究，Logistic 回归分析法可以筛选出对土地利用格局影响较为显著的因素，同时剔除不显著的因素。采用 ROC（receiver operating characteristic）检验回归结果：ROC 的值为 0.5 ～ 1.0，其值越接近 1.0，表明回归方程对土地利用分布格局的解释能力越强 [167]。

土地利用稳定程度即某一土地利用类型转换为其他类型的难度的大小，该参数介于 0 ～ 1 之间。规定参数为 0 时可以任意转换为其他它类型，参数为 1 时不会转换为其他类型。本节根据已有研究，参考专家经验设置

建设用地、耕地、草地、林地、水域的稳定程度，分别为 0.9、0.7、0.6、0.9、0.9[168]。参考文献 [169] 和 [170]，设置土地利用类型之间转移规则。为了分析各土地利用的空间格局的变化，采用 CLUE-S 模型对土地利用变化速率的区域差异进行分析。

$$S = \sum_{ij}^{n}\left(\frac{\Delta S_{i-j}}{S_i}\right)\times(1/t) \tag{7.8}$$

式中，$S_i$ 为模拟开始时间第 $i$ 类土地利用类型总面积（即栅格单元面积）；$\Delta S_{i-j}$ 为模拟开始至模拟结束时段内第 $i$ 类土地利用类型转换为其他类土地利用类型面积总和；$t$ 为土地利用变化时间段；$S$ 为与 时段对应的研究区土地利用变化率。根据 10km×10km 网格内主导转换类型的变化最大的类型确定为该栅格的变化类型，形成主导转换土地利用动态类型图。通过对土地利用变化进行空间分配迭代以实现模拟，公式（7.9）为迭代方程

$$\text{TPROP}_{i,u} = P_{i,u} + \text{ELAS}_u + \text{ITER}_u \tag{7.9}$$

式中，$\text{TPROP}_{i\,u}$ 为栅格 $i$ 上土地利用类型 $u$ 的总概率；$P_{i,u}$ 是运用 Logistic 回归分析得出的土地利用类型 $u$ 在栅格 $i$ 中适宜性概率；$\text{ITER}_u$ 是土地利用类型 $u$ 的迭代变量；$\text{ELAS}_u$ 是土地利用类型 $u$ 的转化弹性系数。

## 7.2.3　模型精度检验

数据经过尺度转换后会产生不同程度的信息丢失和歪曲。尺度转换的精度验证是评价算法优劣的有效工具。综合现有研究，本节采用 Kappa 系数定量检验模型的模拟效果 [171]。Kappa 系数表达式为

$$\text{Kappa} = (P_o - P_c)/(P_p - P_c) \tag{7.10}$$

式中，$P_o$ 表示两幅图中一致性的比例；$P_c$ 表示随机情况下期望的一致性比例；$P_p$ 表示理想情况下一致性比例。以土地利用为例，本节土地利用类型

为5类，因此随机情况下期望一致性的比例为1/5，理想情况下一致性比例为1。利用ArcGIS中的Raster Calculator工具，将模拟结果与2015年现状数据进行栅格相减，计算结果中Value值为0的栅格即模拟正确的栅格。

# ◉ 7.3 实证应用及数据说明

## 7.3.1 数据来源及预处理

本节以中国为例对多源数据融合算法的应用进行介绍。研究基准年为2011年，研究区域为中国31个省、自治区、直辖市（不包含港、澳、台地区），采用ST模型将在SSP情景下我国2011—2100年的人口、GDP、排放和土地利用数据降解至0.5°×0.5°和5'×5'网格尺度，得到带有地理信息属性的社会经济数据集。使用的基础数据包括：行政区划数据、土地利用数据、夜间灯光数据、高程及河流、坡度等基础地理信息数据。空间化代理数据的选择是社会经济统计数据网格化的关键。模型的建模因子及数据来源如表7.2所示。研究使用的空间参考系统为WGS1984投影坐标系统；网格单元大小为50km×50km和1km×1km；投影方式为LAMBERT，其中投影的原点经纬度为（105°E，35°N）。生成后的网格数据覆盖中国31个省、自治区、直辖市，共13 674 546个独立网格单元。夜间灯光影像为2012年的DMSP/OLS。数据来自美国国家海洋和大气管理局NOAA下属的国家海洋和大气管理局NGDC[172]。由于碳排放建模需要排除偶然灯光噪声，因此，本研究使用的数据为其中的稳定灯光值部分，该部分消除了云及火光等偶然噪声影响，数据灰度值范围为1～63，空间分辨率为0.008 333度（5′）。

土地利用数据来自中科院资源环境数据中心的土地利用网格数据，该数据为 1km×1km 的网格，每个网格记录了 1km×1km 内某种土地利用类型的面积比例。

表 7.2　多源数据融合模型建模因子及数据来源

| 指标 | 数据类型 | 建模因子 | 数据来源 | 分辨率 |
|---|---|---|---|---|
| 人口 | 栅格 | 夜间灯光 | 美国 NOAA 国家地理数据中心 | 1km×1km |
| | 栅格 | 土地利用 | 中国国家基础地理信息中心研制的全球 30m 地表覆被产品 | |
| | 矢量 | 高程 /DEM | 中国科学院资源环境科学数据中心 | |
| | 矢量 | 坡度 /Slope | | |
| | 矢量 | 公路 | | |
| | 矢量 | 河流 | | |
| GDP | 矢量 | 第一产业产值 | 中国国家统计局 | 年度 |
| | 矢量 | 第二产业产值 | | |
| | 矢量 | 第三产业产值 | | |
| | 栅格 | 夜间灯光 | 美国 NOAA 国家地理数据中心 | 1km×1km |
| | 栅格 | 土地分类 | 中国国家基础地理信息中心研制的全球 30m 地表覆被产品 | 1km×1km |
| 土地利用 | 栅格 | 人口 | 本研究网格化结果 | 5′×5′ |
| | 栅格 | 土地分类 | 中国国家基础地理信息中心研制的全球 30m 地表覆被产品 | 1km×1km |
| 排放 | 栅格 | 人口 | 本研究网格化结果 | 5′×5′ |
| | 栅格 | GDP | 本研究网格化结果 | 5′×5′ |
| | 栅格 | 夜间灯光 | 美国 NOAA 国家地理数据中心 | 1km×1km |
| 其他 | 矢量 | 城市行政边界 | 1∶400 万地级行政界线（中国社会科学数据共享服务网） | 1km×1km |

## 7.3.2　情景设置

IPCC 从未来社会经济面临的适应和减缓气候变化挑战出发，确定了五种 SSP 路径，每一种具体的 SSP 代表了一类发展模式，既有辐射强迫特征，又有相应的人口、GDP、技术生产率、收入增长率以及社会发展指标等定量数据，同时包括对社会发展程度、速度和方向的定性描述[173]。综合

评估模型 $C^3IAM$ 重点对可持续发展路径（SSP1）、中等发展路径（SSP2）和区域竞争路径（SSP3）三种路径进行了描述。本章对 $C^3IAM$ 在中等发展情景 SSP2 下的社会经济模块（$C^3IAM$/GEEPA）和土地利用模块（$C^3IAM$/EcoLa）的输出的行政单元尺度数据进行网格化处理。全球各区域未来人口和 GDP 的假设，来自国际应用系统分析研究所（IIASA）的估计（表 7.3）。

表 7.3　SSPs 基础情景数据及其主要来源

| | 模型名称（机构名称） | | | | |
|---|---|---|---|---|---|
| | IMAGE (PBL) | MESSAGE-GLOBIOM (IIASA) | AIM/CGE (NIES) | GCAM (PNNL) | REMIND-MAgPIE (PIK) |
| SSP 情景 | SSP1 (van Vuuren et al., 2016) | SSP2 (Fricko et al., 2016) | SSP3 (Fujimori et al., 2016) | SSP4 (Calvin et al., 2016) | SSP5 (Kriegler et al., 2016) |
| 人口 | KC and Lutz, 2016 | | | | |
| 城镇化 | Jiang and O'Neill, 2016 | | | | |
| GDP | Dellink et al., 2016 | | | | |
| 温室气体及空气污染物排放 | EDGAR 4.2 (EC-JRC/PBL, 2012) | GAINS (IIASA, 2007) | EDGAR 4.2 (EC-JRC/PBL, 2012) | EDGAR 4.2 (EC-JRC/PBL, 2012) | GAINS (IIASA, 2007) |

## ◉ 7.4 结果分析与讨论

为解决综合评估模型社会经济系统与地球系统模式的双向耦合问题，本章开发了数据尺度转换模型，将社会经济模块以行政边界为依据输出的社会经济数、排放数据以及土地利用数据降至网格尺度，将研究数据从 31 个省（区、市）增加至 13 674 546 个陆地网格。建立了我国 2011—2100 年 0.5°×0.5° 中分辨率（50km×50km）、热点区 5′×5′ 高分辨率（1km×1km）的全球变化及其社会经济影响量化评估数据库。本节以 2100 年中等发展路径（SSP2）下的网格化结果为例进行分析和讨论。

## 7.4.1 人口数据网格化

采用7.2部分的算法对中等发展路径（SSP2）下我国2011—2100年的人口数据进行了网格化处理，以2100年为例。研究结果表明，影响人口密度空间分布的主要因素是坡度、海拔、到公路的平均距离等。整体上看，我国东部地区，尤其是沿海地区，人口密度明显高于中西部，人口依然集中在瑷珲—腾冲线以东。同时，省会城市相对而言人口密度更大，网格人口约为220人/平方公里。我国人口呈现多中心的空间集聚效应，长三角地区宁沪杭甬核心区、珠江口两翼、京津石沿线、成渝地区等人口密度的高密集区。大约1278万个网格人口密度在100人/平方公里以下，约占总数的93%。

本章将人口网格化算法模拟的2015年结果升尺度到省级层面，与国家统计局发布的2015年各省人口调查统计数据比对，发现该算法对东部地区模拟效果较好（误差范围为[0,11%]），对内蒙古、西藏、青海等西部地区模拟效果有待改进（误差范围为[25%,30%]）。人口网格化算法误差统计见附录F。

## 7.4.2 GDP数据网格化

2100年中国GDP密度大于8000元人民币的区域集中在京津冀、珠三角、长三角以及中西部地区省会城市，呈现集中连片分布；网格GDP最小值为0，最大值接近5000元人民币；超过50%的网格GDP大于平均水平。大约700万个网格GDP小于1500元人民币。GDP密度高的地区与人口密度较高的地区基本一致。GDP网格化算法误差统计见附录F。

### 7.4.3 温室气体排数据网格化

总体上看，温室气体排放空间分异基本沿人口胡焕庸线分为东部和西部。东部地区排放量显著高于西部地区。网格排放平均值约为 46 吨 $CO_2$-eq，最大值为 91 吨 $CO_2$-eq；超过 3% 的网格排放大于全国平均值，集中分布在京津冀、长三角、珠三角等核心区域；中部地区重庆、武汉、成都等地排放明显高于周边；新疆乌鲁木齐等地的排放在西部地区较为突出。超过 70% 的网格排放量低于 50 吨 $CO_2$-eq。网格化结果表明，东部地区，尤其是华北地区、华东地区的重点城市是未来温室气体排放的热点区域。以重点城市为核心，温室气体排放具有显著的正向空间相关效应。应基于重点城市采取温室气体减排措施，其产生的连锁效应能够强化实际减排效果。西部地区要结合发展实际和资源禀赋，合理有序承接东部能源密集行业和企业的转移，避免走高污染、高排放的发展旧路。

### 7.4.4 土地利用数据网格化

2015 年和 2100 年我国林地、草地、耕地、水域以及其他土地类型的变化（0.5° ×0.5° ），整体上看未来土地利用分布情况变化不大。耕地分布与人口分布具有极强的相关性，主要分布在东部平原地区；草地、林地以及未利用土地的分布受自然环境条件制约。草地主要分布在内蒙古、甘肃、青海等地，这些地区温度较低、海拔较高；林地主要分布在东北、华南、西南地区；未利用土地主要指的是沙漠、戈壁等土地类型，大多分布在干旱半干旱地区。耕地所占的网格数量从 2015 年的 735 个网格减少到 2100 年的 706 个网格，变化主要集中在东北地区和黄土高原地区。这一带地区是典型的农牧、农林交错带，生态环境脆弱，在预测期内耕地面积减少幅度较大。林地和草地面积均有所增加，占比从 2015 年的 23.1% 和 22.7% 增加到 2100 年的 23.5% 和 22.8%。增加的森林主要分布在东北部地区以及西南部地区。我国中东部、东南部草地面积有减少；而内蒙古地区、青海地区草地面积有所增加。根据模拟结果，水体面积到 2100 年增加了 0.6%。

### 7.4.5　温控目标下我国各县市减排责任分担

在全球气候治理的舞台上，中国发挥着日益重要的作用。从全球治理层面来说，我国的履约将会极大程度影响《巴黎协定》下全球气候治理的有效性和《协定》中气候治理长期目标的达成；从国内治理层面来说，兑现自主减排贡献承诺还将保护绿水青山，改善人民生活环境，倒逼国内改革，为经济发展带来新的增长点。在我国的组织结构和国家政权体系中，县一级处在承上启下的关键环节，是政策执行主体。但是现有的与 NDC 或 2℃、1.5℃温控相弥合的减排目标均为全国尺度，这直接影响到精准碳减排政策的制定和落实。

面对全球应对气候变化的重大需求以及新冠肺炎疫情后复杂的国际政治经济格局，本节首先采用气候变化综合评估模型，模拟在全球合作减排机制下，我国温控目标实现的可能路径（具体计算方法详见第 4 章）。找到可以同时实现温控目标和经济收益的减排方案，提出能够实现各国合作共赢的最优气候治理策略。主要包括：①构建全球合作减排情景；②采用合作博弈模型对减排情景进行模拟；③综合考虑社会福利影响和减排效果，设计全球合作减排机制；④在气候损失和低碳技术不确定性条件下对合作减排机制进行模拟分析；⑤识别我国温控目标约束下的路径，确定在现有 NDC 基础上的改进力度。采用本章开发的多源数据融合算法子模块—温室气体数据网格化模块，选取夜间灯光数据作为代理变量、网格 GDP 和网格人口作为直接影响因子进行全国尺度的减排责任网格化，得到网格层面的减排责任分担。网格 GDP 和网格人口数据来自“人口数据网格化”模块和“GDP 数据网格化”模块的计算结果。进一步地，基于 ArcGIS 平台，采用“面积权重折算”“空间重标度”等方法，将 1km×1km 网格数据升尺度到县级层面和省级层面。在此基础上，编制了 2030 年全国 34 个省、自治区、直辖市以及 2844 个县级行政区排放清单，为县级或省级单位制定减排目标和精细化减排政策提供决策参考。

根据第 4 章核算结果，在我国现有 NDC 目标约束下（即到 2030 年单位 GDP 二氧化碳排放与 2005 年相比下降 60% ～ 65%），2030 年温室气体排放量约为 133 亿吨 $CO_2$-eq（占全球总量的 30%）。就排放总量在各省之间的分摊结果看（表 7.4），山东排放占比最高，为全国排放总量的 9%；其次是江苏和广东，分别为 8% 和 7%。这与经济发展水平和人口规模分布基本一致。在全球合作减排机制下，要实现 2℃温控目标，到 2030 年我国需在现有 NDC 基础上进一步减排 64 亿吨 $CO_2$-eq；要实现 1.5℃温控目标，到 2030 年进一步减排 110 亿吨 $CO_2$-eq，相当于现有 NDC 水平的 82%。可以看出，将排放量控制在温控目标的要求之内，不仅在能源技术上存在相当大的难度，而且在管理上也面临很大的挑战。县级政府应将减排目标列入地方发展规划中，从决策部署、计划制订、责任分解、核查监督等方面做出更深入细致的工作，避免地方减排力度不足对全国整体减排目标的实现造成负面影响。

表 7.4 温控目标约束下各省 2030 年温室气体排放量

| 省份 | 权重 | NDC | 2℃ | 1.5℃ | 省份 | 权重 | NDC | 2℃ | 1.5℃ |
|---|---|---|---|---|---|---|---|---|---|
| 山东 | 0.09 | 1162.24 | 606.92 | 209.55 | 云南 | 0.03 | 342.72 | 178.97 | 61.79 |
| 江苏 | 0.08 | 1016.87 | 531.01 | 183.34 | 台湾 | 0.02 | 314.54 | 164.25 | 56.71 |
| 广东 | 0.07 | 865.29 | 451.85 | 156.01 | 广西 | 0.02 | 289.03 | 150.93 | 52.11 |
| 河北 | 0.06 | 824.05 | 430.32 | 148.58 | 湖南 | 0.02 | 286.50 | 149.61 | 51.66 |
| 黑龙江 | 0.06 | 750.89 | 392.12 | 135.39 | 甘肃 | 0.02 | 249.75 | 130.42 | 45.03 |
| 河南 | 0.06 | 745.93 | 389.52 | 134.49 | 江西 | 0.02 | 221.54 | 115.69 | 39.94 |
| 浙江 | 0.04 | 577.21 | 301.42 | 104.07 | 北京 | 0.01 | 189.65 | 99.04 | 34.19 |

续表

| 省份 | 权重 | NDC | 2℃ | 1.5℃ | 省份 | 权重 | NDC | 2℃ | 1.5℃ |
|---|---|---|---|---|---|---|---|---|---|
| 辽宁 | 0.04 | 539.69 | 281.83 | 97.31 | 天津 | 0.01 | 180.54 | 94.28 | 32.55 |
| 内蒙古 | 0.04 | 521.15 | 272.14 | 93.96 | 贵州 | 0.01 | 167.60 | 87.52 | 30.22 |
| 山西 | 0.04 | 515.97 | 269.44 | 93.03 | 上海 | 0.01 | 145.58 | 76.02 | 26.25 |
| 新疆 | 0.04 | 492.22 | 257.04 | 88.75 | 重庆 | 0.01 | 142.56 | 74.45 | 25.70 |
| 安徽 | 0.04 | 477.23 | 249.21 | 86.05 | 宁夏 | 0.01 | 110.05 | 57.47 | 19.84 |
| 陕西 | 0.03 | 439.78 | 229.65 | 79.29 | 海南 | 0.01 | 99.70 | 52.06 | 17.98 |
| 四川 | 0.03 | 385.15 | 201.12 | 69.44 | 青海 | 0.005 | 66.09 | 34.51 | 11.92 |
| 福建 | 0.03 | 372.96 | 194.76 | 67.24 | 西藏 | 0.002 | 23.37 | 12.20 | 4.21 |
| 湖北 | 0.03 | 361.33 | 188.69 | 65.15 | 香港 | 0.002 | 22.17 | 11.58 | 4.00 |
| 吉林 | 0.03 | 349.10 | 182.30 | 62.94 | 澳门 | 4.E-05 | 0.49 | 0.26 | 0.09 |

注：温室气体排放量单位为 $MtCO_2$-eq。

## 7.5　结论及政策启示

本章根据气候变化综合评估模型模拟出的在全球温控目标下我国温室气体的排放路径以及现有减排政策力度（NDC 排放路径）对比，得到国家层面的排放差距。通过多源数据融合技术，将排放差距分解到 1km×1km 网格层面。进一步地，将 1km×1km 网格数据升尺度到县级层面和省级层面，编制 2020—2060 年全国 34 个省、自治区、直辖市以及 2844 个县级行政区减排责任清单，为县级或省级单位制定减排目标和精细化减排政策提供决策参考。

地球系统模式与社会经济系统双向耦合中会出现统计数据精度不够或者数据结构不匹配等问题。将统计数据空间化可以打破地域限制，实现以行政区域为单元的数据向规则网格形式的转换，对解决模型耦合问题、制定差异化政策具有重要的现实意义。现有研究在进行统计数据网格化的过程中大多采用空间插值法等直接、线性的大尺度方法。本章开发的模型融合多源数据，更加注重对影响社会经济数据分布的各种因子的客观量化，对于社会经济数据空间化过程中的影响因子分析以及参数设置有借鉴意义。与统计数据相比，空间化后的社会经济数据具有三个优势：①网格的密度值可以反映统计区域内部的差异，也能反映其区域内指标的空间分布特征；②社会经济数据空间化结果具有地理空间信息，可通过空间分析功能实现其应用价值；③公里网格的密度值不受行政区域边界变更的影响，可用于开展多项研究工作。相对于国际其他IAM模型组使用的数据转换方法，本章开发的算法在提高模型精度和减少数据误差方面具有一定的优势。由于数据源、计算量等问题，算法在使用过程中但仍存在一定的缺陷，也是后续研究工作亟待完善的方面。

（1）数据源存在的问题。由于DMSP/OLS夜间灯光原始产品的缺陷，本章的校正无法完全解决数据的连续性、饱和像元和溢出像元方面的问题。

（2）模型经度问题。GDP网格化需要使用土地利用作为中间变量，但是由于国家层面的土地利用数据更新速率比较慢，会影响到GDP数据网格化的精度。

（3）模型的不确定性。土地利用受自然系统和人类活动等多种复杂因素的影响，准确模拟预估其动态变化难度很大。模型使用的参数和假设的土地利用转换规则存在一定的主观性。

## ◉ 7.6 本章小结

地球系统模式和社会经济系统双向耦合需要解决两类模型在时空运行尺度的不一致的问题。本章开发了耦合多源多尺度数据的算法，实现社会经济数据由面到点的有效转化，为双模型的嵌套研究提供数据基础。此外，目前的研究无论是全球层面规则的评估与改进（第 4 章）还是国家层面的行动设计与分析（第 5 章和第 6 章），结果报告的形式均为宏观行政单元数据。此类数据空间分辨率低，无法进一步挖掘深层次的社会经济运行规律和问题。本章在开发多源数据融合算法基础上构建具有地理信息属性的多维数据库，为分析、模拟和预测各类社会经济以及气候要素的发展和演化提供了基本的技术支持。

# 第 8 章　全书研究结论与展望

## ◉ 8.1 主要研究结论

气候变化的不确定性、技术进步的可能性以及全球公共物品和存量污染特征对于气候治理方案的公平性和有效性提出了严峻挑战，由此引致的国家间以及代际间的公平性和有效性、立刻行动还是采取观望等待的方式、实施碳税还是碳交易等一系列问题得到国际学界的广泛讨论。本论文面向国家应对气候变化的重大战略需求和气候治理政策评估的国际前沿，提出了全球气候治理政策评估的五个关键科学问题，即如何评估已有气候协定的减排效果、如何提高现有气候协定的减排力度、如何设计缔约方减排行动、如何评价减排行动的效果、如何推动精细化减排策略的制定。综合运用运筹学、计量经济学、气候变化综合评估模型、地理信息技术等多种方法，从时间—空间两个维度，从全球—国家—地区—企业—网格五个层次，在科学框架内因策制宜建立政策评估机制，回答了上述科学问题，完成了以下工作。

（1）建立了“自上而下”气候协定有效性评价模型，并将其应用到《京都议定书》有效性评估中，基于已有气候协定的政策效果构建了缔约方中长期减排目标参考标杆。通过将附件 B 国家实际碳排放路径与“反事实”附件 B 国家排放路径进行对比，得出《京都议定书》的政策效果。随后，以此实际政策效果为依据，设置附件 B 国家 2030 年和 2050 年碳排放目标，在坚持气候协定连贯性的基础上，提出未来气候协定努力的方向。整体上看，《京都议定书》对于减缓和控制附件 B 国家的碳排放量而言具有一定的积极作用。附件 B 中超过 71% 的国家真实排放量小于“反事实”国家排放量，其中，荷兰、波兰、西班牙、英国、意大利、德国等欧盟成员国《京都议定书》减排效果突出。2005—2014 年期间，意大利的累计 $CO_2$ 减排总量约为 1307 百万吨，居附件 B 国家首位；其次是德国和波兰，分别为 1197 百万吨 $CO_2$ 和 1117 百万吨 $CO_2$。日本和新西兰没有减排效果，其“反事实”排放量反而比实际排放量高出了 68 百万吨 $CO_2$ 和 14 百万吨 $CO_2$。政策效果不足的原因之一可能是日本和新西兰与加拿大、俄罗斯等国家一道相继退出《京都议定书》第二期承诺，拒绝继续履约。

（2）在核算—评估—改进的思想框架下，建立自下而上的气候协定改进模型，并将其应用到《巴黎协定》国家自主减排贡献改进方案设计中，构建了缔约方两步改进策略，提出了减排贡献改进参考标杆。从全球层面看，根据现有 NDC 目标，2030 年全球温室气体排放总量约为 485 亿吨 $CO_2$-eq。中国、印度、美国、俄罗斯、日本和欧盟的排放总量约占全球总量的 70%。减排力度评估结果显示，加纳、乌干达等 44 个国家和地区承诺的 2030 年排放水平反而高于现有气候政策下能够达到的排放量，对推动全球减排行动没有做出实质性贡献。如果上述国家提高减排诚意，达到排放下限，2030 年将会为全球带来约 280 亿吨二氧化碳当量的减排量。现有 NDC 承诺的减排力度不足以弥合与全球长期温控目标之间的差距。即使缔约方全部兑现 NDC 目标，为了实现长期温控目标和经济收益，与 2℃目标对应的排放差距为 190 亿～ 290 亿吨 CO2-eq，与 1.5℃排放目标对应的排放差距为 280 亿～ 300 亿吨 CO2-eq。

（3）从区域协同视角出发，建立了碳排放权配额分配模型，并将其应用到我国京津冀地区区域碳市场机制设计中。在综合考虑地区减排能力、减排责任和减排潜力的基础上，构建了综合区域碳配额分配模型，可以实现不同气候政策情景下配额总量在区域内部分配。结果显示，初始碳配额分配无法满足未来河北地区的实际需要，无论在何种情景下，河北碳配额始终不足，需要购买额外配额。低速发展情景下，2020 年河北的排放缺口约为 72 百万吨 $CO_2$ 和 66 百万吨 $CO_2$，2030 年约为 58 百万吨 $CO_2$ 和 51 百万吨 $CO_2$；中速发展情景下，2020 年河北的排放缺口约为 53 百万吨 $CO_2$ 和 49 百万吨 $CO_2$，2030 年约为 65 百万吨 $CO_2$ 和 57 百万吨 $CO_2$；高速发展情景下，2020 年河北的排放缺口约为 54 百万吨 $CO_2$ 和 50 百万吨 $CO_2$，2030 年约为 69 百万吨 $CO_2$ 和 60 百万吨 $CO_2$。

（4）从多主体协同视角出发，考虑碳交易政策实施力度的不确定性，建立碳排放权交易有效性评价模型模型，将该模型应用交通运输企业碳交易模拟中。结果表明，碳交易机制的引入会导致企业总成本的轻微波动（-1.62% ～ 0.99%）。当免费配额比重仅为 40% 时，总成本与基准情景相比增加了不到 1%。碳交易机制会导致运输价格提高，但影响较小（1.57% ～ 1.90%）。从模拟结果看，引入碳排放权交易机制能够有效抑制碳排放。随着政策约束力的不断提升（即免费配额比重不断下降），运输企业产生的二氧化碳排放量不断下降。与此同时，企业经济活动受到的影响较小。从经济成本以及便捷可靠的角度来看，运输企业选取单一铁路运输更可取。但综合考虑环境效益，从长期角度来看，企业可以逐步提高联合运输方式的分担率。如若实现碳排放量在现有基础上减少一半，运输企业联运分担率至少要在现有基础上增加 30%。在国家全面开展碳交易政策的背景下，企业可以有机结合铁路运输安全、高效、便捷，海运成本低、运距长、运量大的特点，整合资源，最大限度发挥每种运输方式的优势。

（5）开发多源数据融合模型，并将其应用到我国气候变化及其社会经济影响网格化数据的研制和温控目标下减排责任多尺度责任分担中。根据气候变化综合评估模型模拟出的全球温控目标下我国温室气体的排放路径以及现有减排政策力度（NDC 排放路径）对比，得到国家层面的排放差距。通过多源数据融合技术，将排放差距分解到 1km×1km 网格层面。进一步地，将 1km×1km 网格数据升尺度到县级层面和省级层面，编制 2020—2060 年全国 34 个省、自治区、直辖市以及 2844 个县级行政区减排责任清单，为县级或省级单位制定减排目标和精细化减排政策提供决策参考。利用大数据采集和地理信息技术，通过多源数据融合算法，将社会经济系统输出的宏观经济数据、土地利用数据、排放数据进行网格化处理。建立了具有 0.5°×0.5° 中分辨率（50km×50km）、热点区 5'×5' 高分辨率（1km×1km）的全球变化及社会经济影响量化评估数据库，为实现社会经济模型和地球系统模式同步、双向耦合提供技术支持，为分析、模拟和预测各类社会经济以及气候要素的发展和演化提供了数据支撑。

## 8.2　主要创新点

气候变化是一个不确定性强、风险大、多方利益交织的科学问题。全球气候治理需要各方集体行动、理性应对。开展气候治理政策评估是减排决策制定、行动力度调整的理论和方法基础。本书通过上述研究工作，取得了以下主要创新。

（1）开发了一套气候治理政策评估研究的方法。基于多主体协同发展视角，围绕减排承诺—减排行动—方案设计—效果评估—路径优化的研究主线，创建了气候治理政策综合评估方法体系，包括基于准自然实验的政策效果评估、基于公平性分配原则的方案改进、基于责任分担模型的区域碳排放权交易机制设计、基于优化模型的行业碳排放权交易效果评估以及基于多源数据模型的多尺度减排方案评估，系统性地解决了气候治理政策评估在不同区域、不同时间维度上面临的关键科学问题，研究视角贯穿时间—空间两个维度，以及全球—国家—地区—企业—网格五个层次，拓展了传统的研究范式，有助于全面、深化对气候治理问题的认知，可为气候治理政策评估研究提供理论和方法支撑。

（2）提出了一套核算国家自主减排贡献的方法。针对气候治理政策评估中碳信息不完备问题开发多气体—多情景—多尺度核算方法，为国家自主减排贡献方案的更新和改进提供数据基础。这是学界较早开展的专门对国家自主减排贡献核算进行建模及应用的研究工作，为国家之间的横向比较提供了公开透明的信息。

（3）构建一套减排力度改进的参考标杆。《巴黎协定》要求缔约方逐步提高减排力度，然而现有国际规则中没有采用甚至考虑任何形式的责任分配方案。本书在公平性原则指导下，设计了缔约方“温和渐进”、“雄心勃勃”的两步NDC改进策略。在此基础上提出我国参与全球气候治理的最优策略，为我国参与全球盘点、提高国家自主减排贡献提供参考。同时，在网格层面实现温控目标下我国减排责任分担，为地方制定减排目标和精细化减排政策提供参考。

（4）开发一套多源数据融合技术。现有研究在进行统计数据网格化的过程中大多采用空间插值法、土地利用类型法等直接、显性的大尺度方法。本研究利用更多非显性、多源的数据刻画精细网格尺度的社会经济数据空间分布。开发的数据网格化方法，融合多源数据，更加注重对影响社会经济数据分布的各种因子的客观量化，对于社会经济数据空间化过程中的影响因子分析以及参数设置有借鉴意义。

（5）提供一套网格化数据产品。提升气候治理政策评估效果的多源数据。针对现有行政单元尺度数据时空精度低、信息量不足的问题，采用多源数据融合技术，对每一精度乘以每一纬度的土地上社会经济活动、土地利用、温室气体等数据汇编，开发相关网格化数据产品，为未来气候政策的差异化制定和气候行动的精细化管理提供数据支持。

## ◉ 8.3 未来研究展望

本书在气候治理政策评估模型开发和应用方面开展了一些研究工作，取得了阶段性研究成果。但是，现有研究仍存在以下三方面不足，需要进一步完善和拓展。

（1）建模方法可以进一步细化。研究结果揭示，仅关注力度本身并不能真正有效促进力度提高。要实现全球盘点推动缔约方提高减排意愿，需要结合决策者以及政策执行者真正关心的内容，提出更具有现实操作意义的决策参考。未来可在模型中引入技术、行为、决策者偏好、政策惯性等信息。

（2）研究思路可以进一步拓宽。目前的研究没有考虑碳价不确定性对碳市场交易的影响；没有考虑技术进步的不确定性对地区减排的影响；没有考虑地区之间的技术转移和资金支持。未来，可以从以上不确定性引入区域碳配额分配模型中，进一步提高政策模拟的准确度和市场机制设计的可行性。

（3）数据精度可以进一步提高。相对于国际其他综合评估模型组使用的数据转换方法，本论文开发的算法在提高模型精度和减少数据误差方面具有一定的优势。由于数据源、计算量等问题，算法在使用过程中但仍存在一定的缺陷，也是后续研究工作亟待完善的方面。

# 参考文献

[1] National Oceanic and Atmospheric Administration (NOAA). https://www.esrl.noaa.gov/gmd/ccgg/trends/global.html.

[2] 巢清尘 . 全球气候治理的学理依据与中国面临的挑战和机遇 [J]. 阅江学刊 , 2020,(1): 33-43.

[3] Pieter Tans, Ralph Keeling, Scripps Institution of Oceanography. https://research.noaa.gov/article/ArtMID/587/ArticleID/2461/Carbon-dioxide-levels-hit-record-peak-in-May.

[4] Intergovernmental Panel on Climate Change (IPCC). Climate Change 2013: The Physical Science Basis. Cambridge[M]. Cambridge University Press, 2013.

[5] Intergovernmental Panel on Climate Change (IPCC). Global Warming of 1.5℃ [M]. Cambridge University Press, 2015.

[6] United Nations Framework Convention on Climate Change (UNFCCC). United Nations Framework Convention on Climate Change[R]. Nations U, UNFCCC Report FCCC/INFORMAL/84, GE05-62220 (E) 200705, Bonn:[s.n.], 1992.

[7] Protocol K. United Nations framework convention on climate change[EB/OL]. Kyoto:Kyoto Protocol, 1997.

[8] Decision-/CP.24. Preparations for the Implementation of the Paris Agreement and the First Session of the Conference of the Parties Serving as the Meeting of the Parties to the Paris Agreement https://unfccc.int/sites/default/files/resource/cp24_auv_1cp24_final.pdf. 2017.

[9] Falkner R. The Paris agreement and the new logic of international climate politics[J]. International Affairs, 2016, 92(5):1107-1125.

[10] Fred K, Nathaniel K, Eric P. Less than zero: can carbon-removal technologies curb climate change?[J]. Foreign affairs, 2019, 98(2):144.

[11] Rogelj J, Den Elzen M, Höhne N, et al. Paris agreement climate proposals need a boost to keep warming well below 2℃ [J]. Nature, 2016, 631-639.

[12] 李强 .“后巴黎时代”中国的全球气候治理话语权构建：内涵、挑战与路径选择 [J]. 国际论坛 . 2019, (6): 3-14.

[13] 戴维・赫尔德 . 气候变化的治理——科学、经济学、政治学与伦理学 [M]. 北京：社会科学文献出版社，2012.

[14] Howlett M, Ramesh M. Studying Public Policy: Policy Cycles and Policy Subsystems[M]. Oxford: Oxford University Press, 1996.

[15] 刘静暖，纪玉山 . 气候变化与低碳经济中国模式——以马克思的自然力经济理论为视角 [J]. 马克思主义研究 ,2010,(8).

[16] Lawrence S F, What is global governance[J]. Global Governance. 1995,(1): 367-372.

[17] Bruce J, Carlos P, Stephen J S, Power and Responsibility: Building International Order in an Era of Transnational Threats[M]. Washington: The Brookings Institution Press, 2009.

[18] 米志付，梁晓捷，王科 . 气候政策选择的七种评价准则 [J]. 北京理工大学学报：社会科学版 , 2014,16(1)：1-6.

[19] Wright, Quincy. The Policy Sciences: Recent Development in Scope and Method. Edited by Lernerand H D.[M]. Standford: Standford University Press, 1951, p5.

[20] Vedung E. Public Policy and Program Evaluation[M]. New Brunswick (USA) and London (UK): Transaction Publishers, 1997.

[21] John J M. Railroads and American economic growth: essays in econometric history by robert william fogel[J]. Canadian Journal of Economics and Political Science, 1965, 31(4): 611-612.

[22] Abadie A, Gardeazabal J. The economic costs of conflict: a case study of the Basque Country [J]. American Economic Review, 2003, 93 (1): 113-132.

[23] 魏一鸣，米志付，张皓 . 气候变化综合评估模型研究进展 [J]. 系统工程理论与实践，2013,33（8）：1905-1915.

[24] 米志付 . 气候变化综合评估建模方法及其应用研究 [D]. 北京：北京理工大学，2015.

[25] Haas P M, Levy M A. The effectiveness of international environmental institutions[C]. Cambridge, MA: MIT Press,1993.

[26] Bratberg E, TjØtta S, Øines T. Do voluntary international environmental agreements work?[J]. Journal of Environmental Economics and Management, 2005, 50(3): 0-597.

[27] Finus M, TjØtta S. The Oslo protocol on sulfur reduction: the greatest leap forward?[J]. Journal of Public Economics, 2003, 87: 2031-2048.

[28] Ringquist E J, Kostadinova T. Assessing the effectiveness of international environmental agreements: the case study of the 1985 Helsinki protocol[J]. American Journal of

Political Science, 2005, 49: 86-102.

[29] Aakvik A, TjØtta S. Do collective actions clear common air? the effect of international environmental protocols on Sulphur emissions[J]. European Journal of Political Economy, 2011, 27(2): 343-351.

[30] Mazzanti M, Musolesi A. Carbon Kuznets curves: long-run structural dynamics and policy events[J]. SSRN Electronic Journal, 2009.

[31] Iwata H, Okada K. Greenhouse gas emissions and the role of the Kyoto Protocol[J]. Environmental Economics and Policy Studies, 2014, 16(4): 325-342.

[32] Aichele R, Felbermayr G. Kyoto and the carbon footprint of nations[J]. Journal of Environmental Economics and Management, 2012, 63(3): 0-354.

[33] Grunewald N, Martínez-Zarzoso I. Driving factors of carbon dioxide emissions and the impact from Kyoto Protocol[J]. Ibero America Institute for Econ. Research (IAI) Discussion Papers, 2009, (8).

[34] Almer C, Winkler R. Analyzing the effectiveness of international environmental policies: the case of the Kyoto Protocol[J]. Journal of Bioethical Inquiry, 2017, 82(1): 125-151.

[35] Maamoun N. International environmental agreements: empirical evidence of a hidden success[J]. Social Science Electronic Publishing, 2017.

[36] Ellerman A D, Jacoby H D, Decaux A. The effects on developing countries of the Kyoto Protocol and carbon dioxide emissions trading[J]. Social Science Electronic Publishing, 1998.

[37] Babiker M, Jacoby H D. Developing country effects of Kyoto-type emissions restrictions [J]. MIT Joint Program on the Science and Policy of Global Change, 1999 .

[38] Babiker M, Reilly J, Jacoby H D. The Kyoto Protocol and developing countries[J]. Energy Policy, 2000, 28(8): 525-536.

[39] Bernstein M, Hassell S, Hagen J. Developing countries and global climate change: electric power options for growth[R]. 1999.

[40] Bernstein P, Montgomery W, Rutherford T. Global impacts of the Kyoto agreement: results from the MS-MRT model[J]. Resource and Energy Economics, 1999, 21: 375-413.

[41] Elzen M D, André P G. Analyzing the Kyoto Protocol under the marrakesh accords: economic efficiency and environmental effectiveness[J]. Ecological Economics, 2002, 43(2): 141-158.

[42] Huang W M, Lee G W M, Wu C C. GHG emissions, GDP growth and the Kyoto Protocol: A revisit of environmental kuznets curve hypothesis[J]. Energy Policy, 2008, 36(1): 239-247.

[43] Villoria-Sáez P, Tam V W Y, Río Merino M, et al. Effectiveness of greenhouse-gas

emission trading schemes implementation: a review on legislations[J]. Journal of Cleaner Production, 2016, 127: 49-58.

[44] Vrontisi Z, Luderer G, Saveyn B, et al. Enhancing global climate policy ambition towards a 1.5℃ stabilization: a short-term multi-model assessment[J]. Environmental Research Letters, 2018, 13(4): 044-039.

[45] Burke M, Hsiang S M, Miguel E. Global non-linear effect of temperature on economic production[J]. Nature, 2015, 527: 235-239.

[46] Rogelj J, Fricko O, Meinshausen M, et al. Understanding the origin of Paris Agreement emission uncertainties[J]. Nature Communication, 2017, 8: 15748.

[47] Aldy J, Pizer W, Tavoni M, et al. Economic tools to promote transparency and comparability in the Paris Agreement[J]. Nature Climate Change, 2016, 6(11):1000-1004.

[48] Climate Action Tracker(CAT). Climate action tracker rating system 2018 [EB/OL]. 2018 [2018-04-04]. http://climateactiontracker.org/countries/.

[49] Pan X, Elzen M D, HöHne N, et al. Exploring fair and ambitious mitigation contributions under the Paris Agreement goals[J]. Environmental Science and Policy, 2017, 74:49-56.

[50] Greenblatt J B, Wei M. Assessment of the climate commitments and additional mitigation policies of the United States[J]. Nature Climate Change, 2016, 6(12): 1090.

[51] Rogelj J, Hare W, Lowe J, et al. Emission pathways consistent with a 2℃ global temperature limit[J]. Nature Climate Change, 2011, 1(8): 413-418.

[52] Luderer G, Christoph R, Kriegler E, et al. Economic mitigation challenges: how further delay closes the door for achieving climate targets[J]. Environmental Research letters, 2013, 8(3): 34033.

[53] Wei Y M, Han R, Liang Q M, et al. An integrated assessment of INDCs under Shared Socioeconomic Pathways: an implementation of $C^3$IAM[J]. Natural Hazards, 2018, 92(2): 585-618.

[54] Peters G P, Andrew R M, Canadell J G, et al. Key indicators to track current progress and future ambition of the Paris Agreement[J]. Nature Climate Change, 2017, 7(2): 118-122.

[55] ZOU J, Brewer T, Crant M C, et al. Climate change 2014: mitigation of climate change[J]. Climate Change, 2015.

[56] Du Pont Y R, Jeffery M L, Gütschow J, et al. Corrigendum: equitable mitigation to achieve the Paris Agreement goals[J]. Nature Climate Change, 2017, 7(2): 153-153.

[57] Kriegler E, Weyant J P, Blanford G J, et al. The role of technology for achieving climate policy objectives: overview of the EMF 27 study on global technology and climate policy strategies[J]. Climatic Change, 2014, 123(3-4): 353-367.

[58] Blanford G, Kriegler E, Tavoni M. Harmonization vs. fragmentation: overview if climate policy scenarios in EMF 27[J]. Climatic Change, 2014, 123(3):383-396.

[59] Rogelj J, Fricko O, Meinshausen M, et al. Understanding the origin of Paris Agreement emission uncertainties[J]. Nature Communication, 2017, 8: 15748.

[60] Peters G P, Andrew R M, Solomon S, et al. Measuring a fair and ambitious climate agreement using simulative emissions[J]. Environmental Research Letters, 2015, 10: 105004.

[61] Stern N. Stern Review on the Economics of Climate Change. Report to the Prime Minister and the Chancellor of the Exchequer on the Economics of Climate Change[M]. London: [s.n.],2006.

[62] Nordhaus W D. A Question of Balance: Weighing the Options on Global Warming Policies[M]. New Haven: Yale University Press, 2008.

[63] UNDP. Fighting Climate Change: Human Solidarity in a Divided World[M]. Human Development Report, 2007/2008. Oxford: Oxford University Press, 2007.

[64] 丁仲礼，段晓男，葛全胜，等. 2050 年大气 $CO_2$ 浓度控制：各国排放权计算 [J]. 中国科学 D 辑：地球科学，2009, 39: 1009-1027.

[65] 何建坤，刘滨，陈文颖. 有关全球气候变化问题上的公平性分析 [J]. 中国人口资源与环境，2004, 14: 12-15.

[66] 陈文颖，吴宗鑫，何建坤. 全球未来碳排放权“两个趋同”的分配方法 [J]. 清华大学学报（自然科学版），2005, 45: 850-853.

[67] Meinshausen M, Jeffery L, Guetschow J, et al. National post-2020 greenhouse gas targets and diversity-aware leadership[J]. Nature Climate Change, 2015, 5(12): 1098.

[68] Bodansky D, Diringer E, Pershing J, et al. Strawman elements: possible approaches to advancing international climate change efforts[J]. Washington: Pew Center on Global Climate Change, 2004.

[69] Bohm P, Larsen B. Fairness in a tradable-permit treaty for carbon emission reduction in Europe and the Forner Soviet Union[J]. Environmental and Resource Economics, 1994, (4): 219-239.

[70] Kverndokk S. Tradeable $CO_2$ emission permits: initial distribution as a justice problem[J]. Memorandum,1992.

[71] Cramton P, Kerr S. Tradeable carbon permit auctions: how and why to auction not grandfather [J]. Energy Policy, 2002, 30(4): 333-345.

[72] Kartha S, Baer P, Athanasiou T, et al. The right to development in a climate constrained world: The Greenhouse Development Rights framework[M]. 2009.

[73] Park J W, Kim C U, Isard W. Permit allocation in emissions trading using the Boltzmann distribution[J]. Physica A: Statistical Mechanics and its Applications, 2012, 391(20): 4883-4890.

[74] Pan X, Teng F, Wang G. Sharing emission space at an equitable basis: allocation scheme based on the equal cumulative emission per capita principle[J]. Applied Energy, 2014, 113: 1810-1818.

[75] Liao Z, Zhu X, Shi J. Case study on initial allocation of Shanghai carbon emission trading based on shapley value[J]. Journal of Cleaner Production, 2015, 103:338-344.

[76] Yu S, Wei Y M, Fan J, et al. Exploring the regional characteristics of inter-provincial $CO_2$ emissions in China: an improved fuzzy clustering analysis based on particle swarm optimization[J]. Applied Energy, 2012, 92: 552-562.

[77] Wang K, Zhang X, Wei Y M, et al. Regional allocation of $CO_2$ emissions allowance over provinces in China by 2020[J]. Energy Policy, 2013, 54: 214-229.

[78] Hahn R W. Greenhouse gas auctions and taxes: some political economy considerations[J]. Review of Environmental Economics and Policy, 2009, 3(2): 167-188.

[79] Keohane N O. Cap and trade, rehabilitated: using tradable permits to control U.S. greenhouse gases[J]. Review of Environmental Economics and Policy, 2008, 3(1): 42-62.

[80] Lopomo G, Marx L M, McAdams D, et al. Carbon allowance auction design: an assessment of options for the United States[J]. Review of Environmental Economics and Policy, 2011, 5(1): 25-43.

[81] 陈文颖，吴宗鑫．碳排放权分配与碳排放权交易 [J]. 清华大学学报：自然科学版，1998, 38(12): 15-18.

[82] Yi W J, Zou L L, Guo J, et al. How can China reach its $CO_2$ intensity reduction targets by 2020? A regional allocation based on equity and development[J]. Energy Policy, 2011, 39(5): 2407-2415.

[83] Wang K, Zhang X, Wei Y M, et al. Regional allocation of $CO_2$ emissions allowance over provinces in China by 2020[J]. Energy Policy, 2013, 54: 214-229.

[84] Wei Y M, Wang L, Liao H, et al. Responsibility accounting in carbon allocation: a global perspective[J]. Applied Energy, 2014, 130: 122-133.

[85] Han R, Tang B J, Fan J L, et al. Integrated weighting approach to carbon emission quotas: an application case of Beijing-Tianjin-Hebei region[J]. Journal of Cleaner Production, 2016, 131:448-459.

[86] Jotzo F, Löschel A. Emissions trading in China: emerging experiences and international lessons [J]. Energy Policy, 2014, 75: 3-8.

[87] Zhang D, Karplus V J, Cassisa C, et al. Emissions trading in China: progress and prospects[J]. Energy policy, 2014, 75: 9-16.

[88] Feng Z H, Zou L L, Wei Y M. Carbon price volatility: evidence from EU ETS[J]. Applied Energy, 2011, 88(3):590-598.

[89] Seifert J, Uhrig-Homburg M, Wagner M. Dynamic behavior of spot prices[J]. Journal of Environmental Economics and Management, 2008, 56(2): 180-194.

[90] 黄向岚，张训常，刘晔. 我国碳交易政策实现环境红利了吗?[J]. 经济评论，2018, 214(6): 88-101.

[91] 胡榕霞. 天津碳交易试点减排效果及路径研究——基于合成控制法的证据[J]. 福建商学院学报，2019(4).

[92] Zhang Z X. The economic effects of an alternative EU emissions policy[J]. Journal of Policy Modeling, 2002, 24(7): 667-677.

[93] Kemfert C, Lise W, Tol R S J. Games of climate change with international trade[J]. Environmental and Resource Economics, 2004, 28(2): 209-232.

[94] Bernard A, Haurie A, Vielle M, et al. A two-level dynamic game of carbon emission trading between Russia, China, and Annex B countries[J]. Journal of Economic Dynamics and Control, 2008, 32(6): 1830-1856.

[95] Stern N. The Economics of Climate Change: The Stern Review[M]. Cambridge: Cambridge University Press, 2007.

[96] Subramanian R, Gupta S, Talbot B. Compliance strategies under permits for emissions[J]. Production and Operations Management, 2007, 16(6): 763-779.

[97] Tobler W. Global spatial analysis[J]. Computer, Environment and Urban Systems, 2002, 26: 493-500.

[98] Nuzzo R. Profile of William D. Nordhaus[J]. Proceedings of the National Academy of Sciences U.S.A., 2006, 103(26): 9753-9755.

[99] Nordhaus W D. Geography and macroeconomics: new data and new findings[J]. Proceedings of the National Academy of Sciences, 2006, 103(10): 3510-3517.

[100] van Vuuren D P, Lucas P L, Hilderink H. Downscaling drivers of global environmental change: enabling use of global SRES scenarios at the national and grid levels[J]. Global Environmental Change, 2007, 17(1): 114-130.

[101] Grubler A, O'Neill B, Riahi K, et al. Regional, national, and spatially explicit scenarios of demographic and economic change based on SRES[J]. Technological Forecasting and Social Change, 2007, 74: 980–1029.

[102] Hurtt G C, Chini L P, Frolking S, et al. Harmonization of land-use scenarios for the period 1500–2100: 600 years of global gridded annual land-use transitions, wood harvest, and resulting secondary lands[J]. Climatic Change, 2011, 109(1): 117.

[103] van Vuuren D P, Eickhout B, Lucas P L, et al. Long-term Multi-gas scenarios to stabilise radiative forcing—exploring costs and benefits within an integrated assessment framework[J]. Energy Journal, 2006, 27: 201–233.

[104] van Vuuren D P, Den Elzen M G J, Lucas P L, et al. Stabilizing greenhouse gas concentrations at low levels: an assessment of reduction strategies and costs[J].

Climatic Change, 2007, 81: 119–159.

[105] Clarke L E, Edmonds J A, Jacoby H D, et al. Scenarios of greenhouse gas emissions and atmospheric concentrations[M]. U.S.Climate Change Science Program, 2007.

[106] Smith S J, Wigley T M L. Multi-gas forcing stabilization with minicam[J]. Energy Journal, 2006, 27(4): 373-391.

[107] Wise M, Calvin K, Thomson A, et al. Implications of limiting $CO_2$ concentrations for land use and energy[J]. Science, 2009, 324: 1183–1186.

[108] Fujimori S, Abe M, Kinoshita T, et al. Downscaling global emissions and its implications derived from climate model experiments[J]. PloS one, 2017, 12(1): e0169733.

[109] Riahi K, Grübler A, Nakicenovic N. Scenarios of long-term socio-economic and environmental development under climate stabilization[J]. Technological Forecasting and Social Change, 2007, 74(7): 887-935.

[110] Mennis J. Generating surface models of population using dasymetric mapping[J]. The Professional Geographer, 2003, 55(1): 31-42.

[111] Wright J K. A method of mapping densities of population with cape cod as an example[J]. Geographical Review, 1936, 26(1): 103-110.

[112] Langford M, Maguire D J, Unwin D J. The areal interpolation problem: estimating population using remote sensing in a GIS framework[D].[S.I.]:[s.n.], 2014.

[113] Eicher Cory L,Brewer. Cynthia A. Dasymetric mapping and areal interpolation: Implementation and evaluation[J]. Cartography and Geographic Information Science, 2001, 28(2): 125-38.

[114] Paul S, Dar R. A Comparison of nighttime satellite imagery and population density for the continental United States[J]. Photogrammetric Engineering Remote sensing, 1997, 63(11).

[115] 王培震，石培基，魏伟，等．基于空间自相关特征的人口密度格网尺度效应与空间化研究——以石羊河流域为例 [J]. 地球科学进展，2012, (12):1363-1372.

[116] 符海月，李满春，赵军，等．人口数据格网化模型研究进展综述 [J]. 人文地理，2006, 21(3):115-119.

[117] Intergovernmental Panel on Climate Change. Second Assessment Full Report[M]. Cambridge: Cambridge University Press, 1996.

[118] 王克，夏侯沁蕊．《巴黎协定》后全球气候谈判进展与展望 [J]. 环境经济研究，2017, 6(4):147-158.

[119] Guesnerie R, Tulkens H. The design of climate policy[M]. Cambridge: MIT Press, 2008, 408p.

[120] Xu Y. Generalized synthetic control method: causal inference with interactive fixed effects models[J]. Political Analysis, 2017, 25.

[121] Dietz T, Rosa E A. Effects of population and affluence on $CO_2$ emissions[J]. Proceedings of the National Academy of Sciences, 1997, 94(1):175-179.

[122] Inmaculada M Z, Bengochea-Morancho A, Morales-Lage R. The impact of population on $CO_2$ emissions: evidence from European countries[J]. Environmental and Resource Economics, 2007, 38(4):497-512.

[123] Bölük Gülden Mert M. The renewable energy, growth and environmental Kuznets curve in Turkey: An ARDL approach[J]. Renewable and Sustainable Energy Reviews, 2015, 52:587-595.

[124] Ahmad N, Du L, Lu J, et al. Modelling the $CO_2$, emissions and economic growth in Croatia: is there any environmental Kuznets curve?[J]. Energy, 2017, 123:164-172.

[125] Riahi K, Kriegler E, Edmonds J, et al. The Shared Socioeconomic Pathways and their energy, land use, and greenhouse gas emissions implications: an overview[J]. Global Environmental Change, 2017, 42, 153-168.

[126] Falknerm R. The Paris Agreement and new logic of international climate policies[J]. International affairs, 2016, 92(5):1107-1125.

[127] O(hoff A,christencen). The Emissions Gap Report[R].Nairobi:United Nations Environment Programme(UNEP), 2019.

[128] Ottmar Edenhofer. Climate change 2014: mitigation of climate change[M].Cambridge: Cambridge University Press, 2015.

[129] 崔学勤，王克，傅莎，等. 2℃和 1.5℃目标下全球碳预算及排放路径 [J]. 中国环境科学，2017, 37 (11): 4353-4362.

[130] United Nations Framework Convention on Climate Change (UNFCCC), Katowice Climate Package: Implementation guidelines for the Paris Agreement, 2018, https://unfccc.int/.

[131] UNFCCC. INDCs as communicated by Parties, 2017. Available at: http://www4.unfccc.int/submissions/indc/.

[132] Riahi K, van Vuuren D P, Kriegler E, et al. The shared socioeconomic pathways and their energy, land use and greenhouse gas emissions implications: an overview[J]. Global Environmental Change, 2017, 42:153-168.

[133] Janssens-Maenhout G, Crippa M, Guizzardi D, et al. EDGAR v4.3.2 Global Atlas of the three major greenhouse gas emissions for the period 1970–2012[J]. Earth System Science Data Discussions, 2019(11): 959–1002.

[134] Riahi K, van Vuuren D P, Kriegler E, et al. The shared socioeconomic pathways and their energy, land use and greenhouse gas emissions implications: an overview[J]. Global Environmental Change, 2017, 42:153-168.

[135] UN. World population prospects: the 2017 revision, DVD edition [EB/OL]. [2017-11-09]. http://population.un.org/wpp.

[136] 肖黎姗，王润，杨德伟，等．中国省际碳排放极化格局研究 [J]. 中国人口·资源与环境，2011, 21(11):21-27.

[137] 林伯强，黄光晓．梯度发展模式下中国区域碳排放的演化趋势——基于空间分析的视角 [J]. 金融研究，2011(12):35-46.

[138] 杨骞，刘华军．中国二氧化碳排放的区域差异分解及影响因素——基于 1995-2009 年省际面板数据的研究 [J]. 数量经济技术经济研究，2012(5):36-49.

[139] 孙立成，程发新，李群．区域碳排放空间转移特征及其经济溢出效应 [J]. 中国人口·资源与环境，2014, 24(8):17-23.

[140] 郭庆清，刘磊磊，张绍和，等．基于组合赋权法和聚类分析法的岩爆预测 [J]. 长江科学院院报，2013, 30(12): 54-59.

[141] 第十二届全国人民代表大会第四次会议．中华人民共和国国民经济和社会发展第十三个五年规划纲要 [C]. 国务院．中华人民共和国：纲要 [EB/OL]. 2016.

[142] 刘铠诚，栾凤奎，赵军，等．2030 年碳排放强度下降目标的地区分解方案 [J]. 节能技术，2018，36（207）：12-21.

[143] 国家统计局．中国统计年鉴 2018[M]. 北京：中国统计出版社，2018.

[144] 国家统计局．中国能源统计年鉴 2018[M]. 北京：中国统计出版社，2018.

[145] 北京市统计局．北京统计年鉴 2018[M]. 北京：中国统计出版社，2018.

[146] 天津市统计局．天津统计年鉴 2018[M]. 北京：中国统计出版社，2018.

[147] 河北省统计局．河北经济年鉴 2018[M]. 北京：中国统计出版社，2018.

[148] 魏一鸣，廖华．能源经济学 [M]. 第三版．北京：中国人民大学出版社，2020.

[149] IEA. World Energy Outlook[R]. France: International Energy Agency (IEA), 2017.

[150] QI S, WANG B, ZHANG J. Policy design of the Hubei ETS pilot in China[J]. Energy Policy, 2014, 75: 31-38.

[151] 张新，马金涛．交通系统碳交易实现途径研究 [J]. 中国人口·资源与环境，2016, 26(3): 46-53.

[152]ZCAP(2019): Emission trading worldwide Status report 2019. Berlin: Znternational Carbon Action Partnership.

[153] Ellerman D A, Frank J C, Christian P. Pricing Carbon: The European Union Emissions Trading Scheme[M]. Cambridge: Cambridge University Press, 2010.

[154] 沈洪涛，黄楠，刘浪．碳排放权交易的微观效果及机制研究 [J]. 厦门大学学报（哲学社会科学版），2017, (1):13-22.

[155] 陆敏，方习年．考虑不同分配方式的碳交易市场博弈分析 [J]. 中国管理科学，2015,(S1):807-811.

[156] Chih Chang C, Chia Lai T. Carbon allowance allocation in the transportation industry[J]. Energy Policy, 2013, 63:1091-1097.

[157] 叶飞，令狐大智．双寡头竞争环境下的碳配额分配策略研究 [J]. 系统工程理论与实践，2015, 35(12):48-56.

[158] 任杰，何平，龚本刚．限额与交易机制下考虑产能约束的企业生产和碳交易决策[J]. 系统工程，2016, 7:47-52.

[159] Maksyutov S, Eggleston S, ZHENG X Y, et al. 2019 Refinement to the 2006 IPCC Guidelines for National Greenhouse Gas Inventories[M]. [S.I.]: IPCC, 2019.

[160] Nordhaus W D. Can we control carbon dioxide?[J]. American Economic Review, 1975,109(6):2015-2035.

[161] Revesz R, Greenstone M, Hanemann M, et al. Best cost estimate of greenhouse gases[J]. Science, 2017, 357 (6352):655.

[162] Moss R H, Edmonds J A, Hibbard K A, et al. The next generation of scenarios for climate change research and assessment[J]. Nature, 2010, 463(7282):747-756.

[163] Elvidge C D, Baugh K E, Kihn E A, et al. Relation between satellite observed visible-near infrared emissions, population, economic activity and electric power consumption[J]. InternationalJournal of Remote Sensing, 1997,18(6):1373-1379.

[164] Tian Y, Yue T, Zhu L, et al. Modeling population density using land cover data[J]. Ecological Modelling, 2005, 189(1-2): 72-88.

[165] Doll C N H, Muller J P, Morley J G. Mapping regional economic activity from night-time light satellite imagery[J]. Ecological Economics, 2006, 57(1): 75-92.

[166] Pontius Jr R G, Schneider L C. Land-cover change model validation by an ROC method for the Ipswich watershed, Massachusetts, USA[J]. Agriculture, Ecosystems and Environment, 2001, 85(1-3): 239-248.

[167] 孙晓芳，岳天翔，范泽孟．中国土地利用空间格局动态变化模拟——以规划情景为例[J]. 生态学报，2012, 32(20): 6440-6451.

[168] Yue T X, Fan Z M, Liu J Y. Scenarios of land cover in China[J]. Global and Planetary Change, 2007, 55(4): 317-342.

[169] Yue T X, Fan Z M, Liu J Y, et al. Scenarios of major terrestrial ecosystems in China[J]. Ecological Modelling, 2006, 199(3): 363-376.

[170] Pontius R G. Quantification error versus location error in comparison of categorical maps[J]. Photogrammetric engineering and remote sensing, 2000, 66(8): 1011-1016.

[171] 郭忻怡，闫庆武，谭悦，等．基于 DMSP/OLS 与 NDVI 的江苏省碳排放空间分布模拟[J]. 世界地理研究，2016, 25(4): 102-110.

[172] O’Neill B C, et al. A new scenario framework for climate change research: the concept of shared socioeconomic pathways[J]. Climatic Change, 2013, 122, 387-400.

# 附 录

# ◉ 附录 A：区域国家和地区列表

表 A-1　国家和地区名称及编码

| ISO | 国家和地区名称 | ISO | 国家和地区名称 |
| --- | --- | --- | --- |
| ABW | Aruba | KWT | Kuwait |
| AFG | Afghanistan | LAO | Lao People's Democratic Republic |
| AGO | Angola | LBN | Lebanon |
| ALB | Albania | LBR | Liberia |
| ANT | Netherlands Antilles | LBY | Libyan Arab Jamahiriya |
| ARE | United Arab Emirates | LCA | Saint Lucia |
| ARG | Argentina | LKA | Sri Lanka |
| ARM | Armenia | LSO | Lesotho |
| ASM | American Samoa | LTU | Lithuania |
| ATG | Antigua and Barbuda | LUX | Luxembourg |
| AUS | Australia | LVA | Latvia |
| AUT | Austria | MAC | China, Macao Special Administrative Region |
| AZE | Azerbaijan | MAR | Morocco |
| BDI | Burundi | MDA | Republic of Moldova |
| BEL | Belgium | MDG | Madagascar |
| BEN | Benin | MDV | Maldives |
| BFA | Burkina Faso | MEX | Mexico |
| BGD | Bangladesh | MKD | The former Yugoslav Republic of Macedonia |

续表

| ISO | 国家和地区名称 | ISO | 国家和地区名称 |
|---|---|---|---|
| BGR | Bulgaria | MLI | Mali |
| BHR | Bahrain | MLT | Malta |
| BHS | Bahamas | MMR | Myanmar |
| BIH | Bosnia and Herzegovina | MNE | Montenegro |
| BLR | Belarus | MNG | Mongolia |
| BLZ | Belize | MOZ | Mozambique |
| BMU | Bermuda | MRT | Mauritania |
| BOL | Bolivia (Plurinational State of) | MTQ | Martinique |
| BRA | Brazil | MUS | Mauritius |
| BRB | Barbados | MWI | Malawi |
| BRN | Brunei Darussalam | MYS | Malaysia |
| BTN | Bhutan | MYT | Mayotte |
| BWA | Botswana | NAM | Namibia |
| CAF | Central African Republic | NCL | New Caledonia |
| CAN | Canada | NER | Niger |
| CHE | Switzerland | NGA | Nigeria |
| CHL | Chile | NIC | Nicaragua |
| CHN | China | NLD | Netherlands |
| CIV | Côte d`Ivoire | NOR | Norway |
| CMR | Cameroon | NPL | Nepal |
| COD | Democratic Republic of the Congo | NZL | New Zealand |
| COG | Congo | OMN | Oman |
| COL | Colombia | PAK | Pakistan |
| COM | Comoros | PAN | Panama |
| CPV | Cape Verde | PER | Peru |
| CRI | Costa Rica | PHL | Philippines |
| CUB | Cuba | PLW | Palau |
| CYP | Cyprus | PNG | Papua New Guinea |
| CZE | Czech Republic | POL | Poland |
| DEU | Germany | PRI | Puerto Rico |
| DJI | Djibouti | PRK | Democratic People's Republic of Korea |
| DMA | Dominica | PRT | Portugal |
| DNK | Denmark | PRY | Paraguay |

续表

| ISO | 国家和地区名称 | ISO | 国家和地区名称 |
|---|---|---|---|
| DOM | Dominican Republic | PSE | Occupied Palestinian Territory |
| DZA | Algeria | PYF | French Polynesia |
| ECU | Ecuador | QAT | Qatar |
| EGY | Egypt | REU | Réunion |
| ERI | Eritrea | ROU | Romania |
| ESH | Western Sahara | RUS | Russian Federation |
| ESP | Spain | RWA | Rwanda |
| EST | Estonia | SAU | Saudi Arabia |
| ETH | Ethiopia | SDN | Sudan |
| FIN | Finland | SEN | Senegal |
| FJI | Fiji | SGP | Singapore |
| FRA | France | SLB | Solomon Islands |
| FSM | Micronesia, Federated States of | SLE | Sierra Leone |
| GAB | Gabon | SLV | El Salvador |
| GBR | United Kingdom of Great Britain and Northern Ireland | SOM | Somalia |
| GEO | Georgia | SRB | Serbia |
| GHA | Ghana | SSD | South Sudan |
| GIN | Guinea | STP | Sao Tome and Principe |
| GLP | Guadeloupe | SUR | Suriname |
| GMB | Gambia | SVK | Slovakia |
| GNB | Guinea-Bissau | SVN | Slovenia |
| GNQ | Equatorial Guinea | SWE | Sweden |
| GRC | Greece | SWZ | Swaziland |
| GRD | Grenada | SYC | Seychelles |
| GTM | Guatemala | SYR | Syrian Arab Republic |
| GUF | French Guiana | TCD | Chad |
| GUM | Guam | TGO | Togo |
| GUY | Guyana | THA | Thailand |
| HKG | China'Hong Kong Special Administrative Region | TJK | Tajikistan |
| HND | Honduras | TKM | Turkmenistan |
| HRV | Croatia | TLS | Timor-Leste |
| HTI | Haiti | TON | Tonga |

续表

| ISO | 国家和地区名称 | ISO | 国家和地区名称 |
| --- | --- | --- | --- |
| HUN | Hungary | TTO | Trinidad and Tobago |
| IDN | Indonesia | TUN | Tunisia |
| IND | India | TUR | Turkey |
| IRL | Ireland | TWN | Taiwan China |
| IRN | Iran (Islamic Republic of) | TZA | United Republic of Tanzania |
| IRQ | Iraq | UGA | Uganda |
| ISL | Iceland | UKR | Ukraine |
| ISR | Israel | URY | Uruguay |
| ITA | Italy | USA | United States of America |
| JAM | Jamaica | UZB | Uzbekistan |
| JOR | Jordan | VCT | Saint Vincent and the Grenadines |
| JPN | Japan | VEN | Venezuela (Bolivarian Republic of) |
| KAZ | Kazakhstan | VIR | Virgin Islands (US) |
| KEN | Kenya | VNM | Viet Nam |
| KGZ | Kyrgyzstan | VUT | Vanuatu |
| KHM | Cambodia | WSM | Samoa |
| KIR | Kiribati | YEM | Yemen |
| KNA | Saint Kitts and Nevis | ZAF | South Africa |
| KOR | Republic of Korea | ZMB | Zambia |
| | | ZWE | Zimbabwe |

表 A-2 区域划分

| 区域 | 编码 | 国家和地区 |
| --- | --- | --- |
| 美国 | USA | 美国 |
| 中国 | CHN | 中国 |
| 日本 | JPN | 日本 |
| 俄罗斯 | RUS | 俄罗斯 |
| 印度 | IND | 印度 |
| 伞形集团 | OBU | 加拿大、澳大利亚、新西兰 |
| 欧盟 | EU | 奥地利、比利时、丹麦、芬兰、法国、德国、希腊、爱尔兰、意大利、卢森堡、荷兰、葡萄牙、西班牙、瑞典、英国、塞浦路斯、捷克共和国、爱沙尼亚、匈牙利、马耳他、波兰、斯洛伐克、斯洛文尼亚、保加利亚、拉脱维亚、立陶宛、罗马尼亚、克罗地亚 |

续表

| 区　域 | 编　码 | 国家和地区 |
|---|---|---|
| 其他西欧国家 | OWE | 阿尔巴尼亚、黑山、塞尔维亚、前南斯拉夫的马其顿共和国、土耳其、波斯尼亚 - 黑塞哥维那、关岛、冰岛、列支敦士登、挪威、波多黎各、瑞士 |
| 东欧及独联体 | EES | 亚美尼亚、阿塞拜疆、白俄罗斯、格鲁吉亚、哈萨克斯坦、吉尔吉斯斯坦、摩尔多瓦共和国、塔吉克斯坦、土库曼斯坦、乌克兰、乌兹别克斯坦 |
| 其他亚洲国家和地区 | ASIA | 阿富汗、孟加拉国、不丹、文莱、文莱、柬埔寨、斐济、法属波利尼西亚、印度尼西亚、老挝、马来西亚、马尔代夫、密克罗尼西亚（联邦共和国）、蒙古、缅甸、尼泊尔、新喀里多尼亚、巴基斯坦、巴布亚新几内亚、菲律宾、大韩民国、萨摩亚、新加坡、所罗门群岛、斯里兰卡、中国台湾、泰国、东帝汶、瓦努阿图、越南 |
| 中东和非洲 | MAF | 阿尔及利亚、安哥拉、巴林、贝宁、博茨瓦纳、布基纳法索、布隆迪、喀麦隆、佛得角、中非共和国、乍得、科摩罗、刚果、科特迪瓦、刚果民主共和国、吉布提、埃及、赤道几内亚、厄立特里亚、埃塞俄比亚、加蓬、冈比亚、加纳、几内亚、几内亚比绍、伊朗（伊斯兰共和国）、伊拉克、以色列、约旦、肯尼亚、科威特、黎巴嫩、莱索托、利比里亚、阿拉伯利比亚民众国、马达加斯加、马拉维、马里、毛里塔尼亚、毛里求斯、马约特岛、摩洛哥、莫桑比克、纳米比亚、尼日尔、尼日利亚、被占领的巴勒斯坦领土、阿曼、卡塔尔、卢旺达、留尼旺岛、沙特阿拉伯、塞内加尔、塞拉利昂、索马里、南非、南苏丹、苏丹、斯威士兰、阿拉伯叙利亚共和国、多哥、突尼斯、乌干达、阿拉伯联合酋长国、坦桑尼亚联合共和国、西撒哈拉、也门、赞比亚、津巴布韦 |
| 拉丁美洲 | LAM | 阿根廷、阿鲁巴、巴哈马、巴巴多斯、伯利兹、玻利维亚（多元国家）、巴西、智利、哥伦比亚、哥斯达黎加、古巴、多米尼加共和国、厄瓜多尔、萨尔瓦多、法属圭亚那、格林纳达、瓜德罗普、危地马拉、圭亚那、海地、洪都拉斯、牙买加、马提尼克、墨西哥、尼加拉瓜、巴拿马、巴拉圭、秘鲁、苏里南、特立尼达和多巴哥、美属维尔京群岛、乌拉圭、委内瑞拉（玻利瓦尔共和国） |

# 附录 B：控制组国家和地区列表

| 国家和地区 ISO 编码 | | | | | | | |
|---|---|---|---|---|---|---|---|
| ABW | BMU | CYM | GTM | LBN | MRT | RWA | TKM |
| AGO | BOL | CYP | HKG | LBR | MUS | SAU | TTO |
| AIA | BRA | DJI | HND | LCA | MWI | SDN | TUN |
| ALB | BRB | DMA | HTI | LKA | MYS | SEN | TUR |
| ARE | BRN | DOM | IDN | LSO | NAM | SGP | TZA |
| ARG | BTN | DZA | IND | MAC | NER | SLE | UGA |
| ARM | BWA | ECU | IRN | MAR | NGA | SLV | URY |
| ATG | CAF | EGY | IRQ | MDA | NIC | SRB | USA |
| AZE | CAN | ETH | ISR | MDG | NPL | STP | UZB |
| BDI | CHL | FJI | JAM | MDV | OMN | SUR | VCT |
| BEN | CHN | GAB | JOR | MEX | PAK | SWZ | VEN |
| BFA | CIV | GEO | KAZ | MKD | PAN | SYC | VGB |
| BGD | CMR | GHA | KEN | MLI | PER | SYR | VNM |
| BHR | COD | GIN | KGZ | MLT | PHL | TCA | YEM |
| BHS | COG | GMB | KHM | MMR | PRY | TCD | ZAF |
| BIH | COL | GNB | KNA | MNE | PSE | TGO | ZMB |
| BLR | CPV | GNQ | KOR | MNG | QAT | THA | ZWE |
| BLZ | CRI | GRD | LAO | MOZ | LBN | TJK | RWA |

# 附录 C：各缔约方提交的 BaU 预测方法

表 C-1　各缔约方提交的 BaU 预测方法

| 国家和地区 | 类型 | 基准年 | BaU 预测方法 |
|---|---|---|---|
| 前南斯拉夫马其顿共和国 | % | — | 采用 MARKAL 能源规划模型预测 |
| 土耳其 | % | — | 能源部门采用 Times-MACRO 模型预测 |
| 吉尔吉斯斯坦 | % | — | 采用 SHAKYR 模型预测 |
| 阿富汗 | % | — | 基于 2030—2030 年的增长率预测 |

续表

| 国家和地区 | 类型 | 基准年 | BaU 预测方法 |
|---|---|---|---|
| 孟加拉国 | % | — | 采用 LEAP 模型预测 |
| 柬埔寨 | % | — | 能源部门采用 LEAP 模型预测<br>土地利用排放采用 IPCC 提供的方法预测 |
| 斐济 | % | — | 根据历史数据预测 |
| 印度尼西亚 | % | 2010 | BaU 基准年为 2010 年，不同部门采用不同时间间隔 |
| 马尔代夫 | % | — | 2030 年的能源生产和消费使用 2011 年能源平衡表一致 |
| 密克罗尼西亚联邦 | % | — | 电力和交通部门排放采用 LEAP 模型预测 |
| 菲律宾 | % | — | 土地利用排放采用 IPCC 提供的方法预测<br>其他采用 LEAP 模型预测 |
| 韩国 | % | — | 采用 KEEI-EGMS（韩国能源经济研究所能源和温室气体建模系统）预测 |
| 所罗门群岛 | % | — | BaU 的预测是根据 1994-2010 年期间的化石燃料消费数据，并以适当的外推方法推算到 2030 年 |
| 越南 | % | 2010 | BaU 从 2010 年开始，包括能源、农业、废弃物和土地利用部门 |
| 安哥拉 | % | 2005 | BaU 情景数据来自最新的国家温室气体清单和 ENERDATA 数据库 |
| 布基纳法索 | N.A. | — | 采用 2007 年分部门温室气体清单，并构建温室气体排放预测情景 |
| 布隆迪 | % | — | BaU 情景的预测根据《布隆迪远景 2025》中确定的发展规划方向和国家实施远景的政策和战略 |
| 喀麦隆 | % | — | 根据行业增长率、人口变化、能源组合和行业效率的变化趋势预测 BaU 情景排放量 |
| 中非共和国 | % | 2010 | 开展文献调研、利益相关者调研，使用 IGES 工具预测 |
| 乍得 | % | — | 2030 年的能源需求预测是基于乍得能源部门的总体规划 |
| 刚果 | % | — | BaU 排放量核算参照 IPCC 2006 指南遵照 2006 年警监会的指引；此外，还参考了修订版《京都议定书》指南以及 IPCC 2013 指南 |
| 吉布提 | % | 2000 | 基准情景根据 GACMO 模型和分行业的线性预测设定 |
| 厄立特里亚 | 绝对量 | — | BaU 基准年为 2010 年，使用 GACMO 模型对未来排放量进行预测 |
| 加蓬 | % | — | 根据 2000 年后国家实施的公共承诺的减排方案设置情景 |
| 加纳 | % | 2010 | 能源部门使用 LEAP 模型；工业部门采用了综合建模方法；废弃物采用 IPCC-Waste 模型；土地利用部门采用 COMAP6 模型对 BaU 和排放情景进行了估计 |

续表

| 国家和地区 | 类型 | 基准年 | BaU 预测方法 |
| --- | --- | --- | --- |
| 约旦 | / | 2010 | BaU 预测方法在 NCCAP 和第二届国家通讯（SNC）中有详细说明，包括各部门的关键假设、驱动因素和模型方法 |
| 黎巴嫩 | % | 2011 | 使用 LEAP 模型预测 BaU 情景排放量 |
| 马达加斯加 | % | — | 对于土地利用部门，通过遥感技术进行土地利用变化监测，以预测土地利用排放变化 |
| 马里共和国 | % | — | 温室气体排放核算参考 IPCC 2006 指南 |
| 毛里求斯 | % | — | BaU 情景排放在基准年的基础上，利用简单外推法估算 |
| 摩洛哥 | % | 2010 | BaU 情景 LEAP 模型模拟 |
| 纳米比亚 | % | 2010 | BaU 情景基准年为 2010 年，以此为基础预测未来排放 |
| 尼日尔 | % | — | 排放量核算使用 IPCC 2006 指南；能源部门预测采用 LEAP、MAED 以及 MESSAGE 模型 |
| 尼日利亚 | % | — | BaU 情景假设经济增长率为 5%，人口以每年 2.5% 的速度增长 |
| 坦桑尼亚共和国 | % | 2000 | 数据不足无法提供 2020—2030 年分部门排放量 |
| 也门 | % | 2015 | BaU 情景 LEAP 模型模拟 |
| 赞比亚 | % | 2015 | BaU 情景 LEAP 模型模拟 |
| 津巴布韦 | % | — | BaU 情景 LEAP 模型、ZILF 模型以及 GACMO 模型模拟 |
| 阿根廷 | % | 2005 | BaU 情景的设置基于对未来经济增长的预测 |
| 巴巴多斯 | % | 2008 | BaU 的预测考虑到每个部门未来的预期增长，并考虑当前的减排活动 |
| 哥伦比亚 | % | — | 采用专家调查法，依据对现有和未来经济形势的判断，对各行业未来排放分别作出预测 |
| 厄瓜多尔 | % | 2011 | BaU 情景 LEAP 模型模拟 |
| 危地马拉 | % | 2005 | 以 2005 年为基准年，未来排放的预测采用 1990—2005 年期间的平均增长率 |
| 洪都拉斯 | % | 2015 | 估算 BaU 情景排放的方法与估算历史排放量的方法原则相同 |
| 牙买加 | % | 2005 | 假定能源部门使用的燃料增长率与国内生产总值增长率、人均国内生产总值增长率与 2000—2005 年增长率一致 |
| 秘鲁 | % | — | 以 2010 年为基准年，核算方法参考 IPCC 2006 指南 |
| 特立尼达和多巴哥 | % | — | BaU 情景的模拟使用 BIOS 模型 |

# 附录 D：$C^3$IAM 模型框架

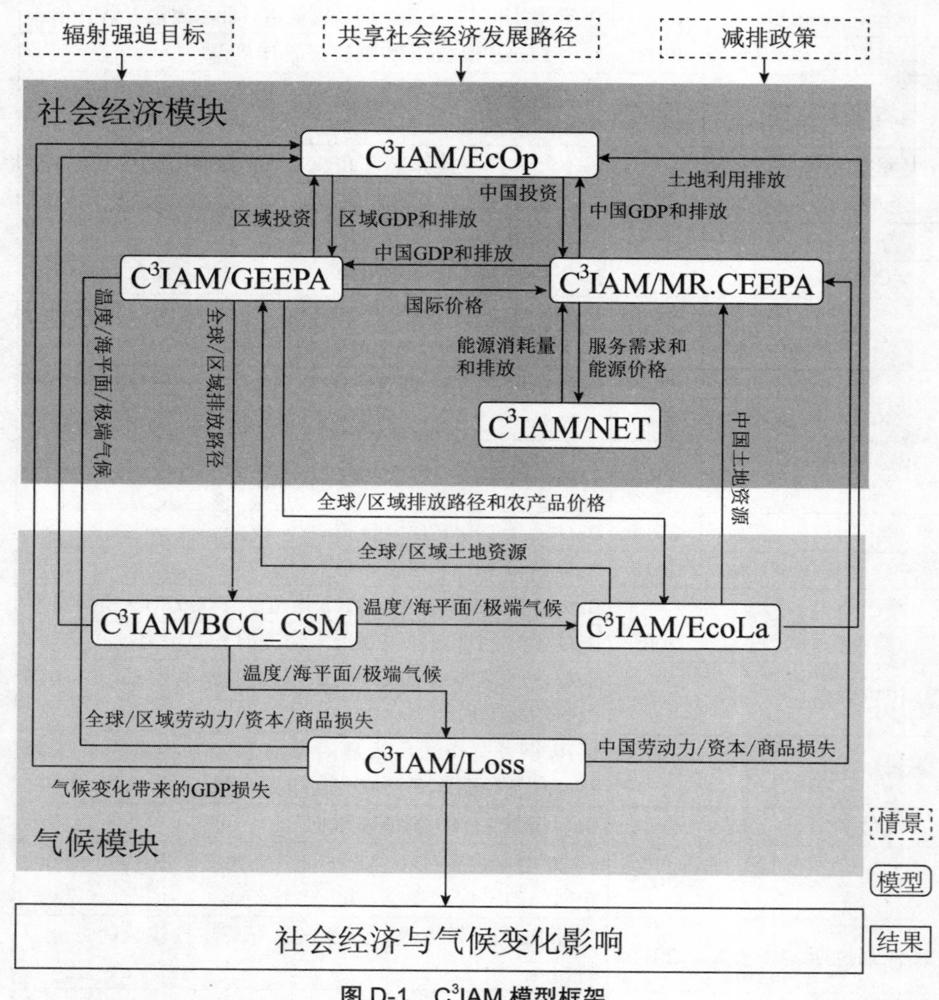


图 D-1 $C^3$IAM 模型框架

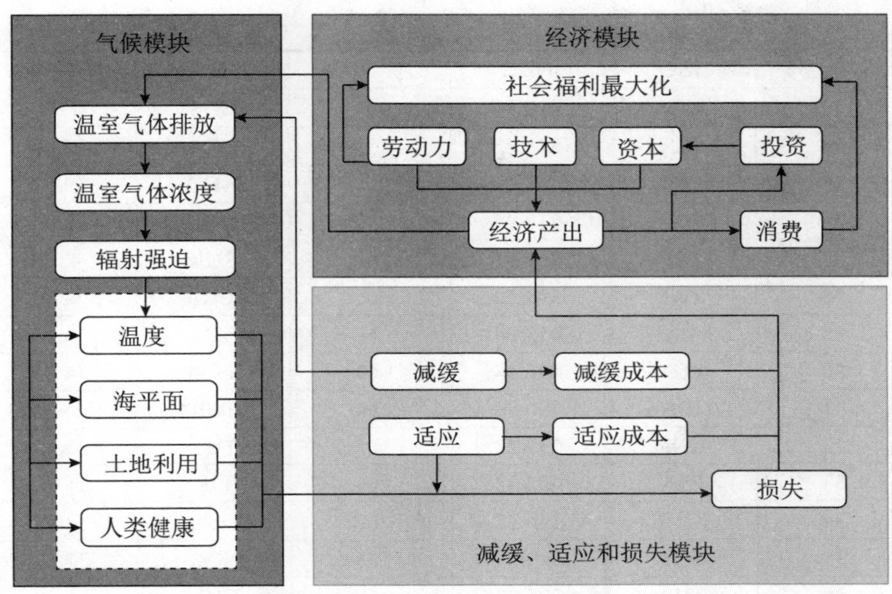


图 D-2　C³IAM/EcOp 模块模型框架

# 附录 E：缔约方 NDC 排放量

表 E-1　各缔约方 2030 年 NDC 排放量

| 序　号 | ISO | NDC | 序　号 | ISO | NDC |
|---|---|---|---|---|---|
| 1 | JPN | 1019.97 | 12 | BLR | 64.16 |
| 2 | USA | 5096.13 | 13 | BRA | 633.18 |
| 3 | RUS | 2265.35 | 14 | MEX | 638.21 |
| 4 | EU | 3409.51 | 15 | ARG | 483.00 |
| 5 | CAN | 520.41 | 16 | VEN | 362.52 |
| 6 | CHN | 13288.86 | 17 | COL | 179.97 |
| 7 | AUS | 411.95 | 18 | CHL | 185.69 |
| 8 | IND | 8071.76 | 19 | PER | 93.67 |
| 9 | UKR | 527.69 | 20 | AZE | 60.60 |
| 10 | KAZ | 318.11 | 21 | TTO | 28.96 |
| 11 | UZB | 491.87 | 22 | URY | 36.17 |

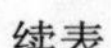

续表

| 序　号 | ISO | NDC | 序　号 | ISO | NDC |
|---|---|---|---|---|---|
| 23 | NGA | 610.31 | 56 | BHS | 1.78 |
| 24 | IRN | 826.85 | 57 | UGA | 37.90 |
| 25 | PAN | 19.03 | 58 | AGO | 39.57 |
| 26 | QAT | 210.95 | 59 | GTM | 32.06 |
| 27 | SAU | 861.61 | 60 | SUR | 4.32 |
| 28 | ZAF | 398.00 | 61 | CRI | 9.05 |
| 29 | ARE | 473.29 | 62 | BOL | 55.53 |
| 30 | EGY | 438.48 | 63 | YEM | 54.55 |
| 31 | IDN | 730.88 | 64 | TUR | 336.65 |
| 32 | KOR | 239.28 | 65 | TUN | 85.63 |
| 33 | PAK | 452.92 | 66 | TJK | 11.40 |
| 34 | KWT | 140.27 | 67 | LBN | 33.61 |
| 35 | SGP | 55.56 | 68 | NOR | 32.69 |
| 36 | THA | 294.06 | 69 | CHE | 26.80 |
| 37 | ETH | 46.12 | 70 | ARM | 17.58 |
| 38 | DZA | 277.24 | 71 | MDA | 9.80 |
| 39 | BGD | 204.03 | 72 | PRY | 34.32 |
| 40 | ECU | 60.74 | 73 | MMR | 80.50 |
| 41 | IRQ | 340.67 | 74 | BRB | 0.82 |
| 42 | PHL | 257.91 | 75 | GHA | 33.56 |
| 43 | VNM | 235.21 | 76 | KGZ | 19.35 |
| 44 | MYS | 488.60 | 77 | GNQ | 9.39 |
| 45 | OMN | 111.00 | 78 | CMR | 50.49 |
| 46 | COD | 53.29 | 79 | JOR | 64.10 |
| 47 | SDN | 107.64 | 80 | CIV | 33.56 |
| 48 | ISR | 78.57 | 81 | MDG | 46.45 |
| 49 | TZA | 70.06 | 82 | MNG | 48.30 |
| 50 | BHR | 46.70 | 83 | MUS | 3.38 |
| 51 | KEN | 95.38 | 84 | MOZ | 24.50 |
| 52 | MAR | 78.86 | 85 | LKA | 34.67 |
| 53 | NZL | 49.94 | 86 | NER | 45.36 |
| 54 | GEO | 9.73 | 87 | BWA | 9.23 |
| 55 | DOM | 34.82 | 88 | ZMB | 16.80 |

续表

| 序　号 | ISO | NDC | 序　号 | ISO | NDC |
|---|---|---|---|---|---|
| 89 | HND | 23.15 | 112 | RWA | 7.42 |
| 90 | BFA | 27.19 | 113 | BEN | 13.34 |
| 91 | MLI | 19.72 | 114 | STP | 0.31 |
| 92 | GAB | 17.87 | 115 | KHM | 29.99 |
| 93 | SLV | 11.67 | 116 | BIH | 18.14 |
| 94 | NIC | 7.92 | 117 | LAO | 11.26 |
| 95 | HTI | 12.15 | 118 | MKD | 9.24 |
| 96 | BTN | 3.07 | 119 | CPV | 0.85 |
| 97 | SRB | 52.17 | 120 | MRT | 12.65 |
| 98 | LCA | 0.39 | 121 | BDI | 6.07 |
| 99 | JAM | 12.88 | 122 | SWZ | 3.13 |
| 100 | VCT | 0.19 | 123 | SLE | 8.26 |
| 101 | MWI | 15.04 | 124 | TGO | 8.58 |
| 102 | SEN | 27.26 | 125 | ALB | 8.64 |
| 103 | ZWE | 40.58 | 126 | FJI | 1.86 |
| 104 | ISL | 1.86 | 127 | MNE | 1.79 |
| 105 | NPL | 37.16 | 128 | CAF | 9.73 |
| 106 | TCD | 21.31 | 129 | LBR | 8.28 |
| 107 | COG | 21.13 | 130 | LSO | 4.65 |
| 108 | GIN | 25.74 | 131 | DJI | 1.67 |
| 109 | NAM | 1.21 | 132 | GMB | 1.50 |
| 110 | MDV | 1.21 | 133 | GNB | 2.70 |
| 111 | BLZ | 1.18 | 134 | COM | 0.12 |

注：NDC 排放量单位为百万吨 $CO_{2\text{-eq}}$。

# ◉ 附录 F：网格化算法误差

**表 F-1　人口降尺度算法误差统计**

| 省　份 | 调查数据 | 模拟结果 | 误差 /% | 省　份 | 调查数据 | 模拟结果 | 误差 /% |
|---|---|---|---|---|---|---|---|
| 黑龙江 | 3812 | 3193 | –16.2 | 江苏 | 7976 | 7662 | –3.9 |
| 内蒙古 | 2511 | 1639 | –34.7 | 安徽 | 6144 | 6216 | 1.2 |

续表

| 省　份 | 调查数据 | 模拟结果 | 误差 /% | 省　份 | 调查数据 | 模拟结果 | 误差 /% |
|---|---|---|---|---|---|---|---|
| 新疆 | 2360 | 1450 | –38.6 | 四川 | 8204 | 7999 | –2.5 |
| 吉林 | 2753 | 2404 | –12.7 | 湖北 | 5852 | 6106 | 4.3 |
| 辽宁 | 4382 | 3965 | –9.5 | 上海 | 2415 | 2350 | –2.7 |
| 河北 | 7425 | 6609 | –11.0 | 重庆 | 3017 | 3270 | 8.4 |
| 甘肃 | 2600 | 1807 | –30.5 | 浙江 | 5539 | 6271 | 13.2 |
| 北京 | 2171 | 2098 | –3.4 | 江西 | 4566 | 5148 | 12.7 |
| 山西 | 3661 | 3144 | –14.1 | 湖南 | 6783 | 7780 | 14.7 |
| 天津 | 1547 | 1408 | –9.0 | 云南 | 4742 | 5403 | 13.9 |
| 陕西 | 3793 | 3405 | –10.2 | 贵州 | 3530 | 3902 | 10.5 |
| 青海 | 588 | 396 | –32.7 | 福建 | 3839 | 4705 | 22.6 |
| 宁夏 | 668 | 461 | –31.0 | 广西 | 4796 | 5439 | 13.4 |
| 山东 | 9847 | 9198 | –6.6 | 台湾 | 2349 | 2896 | 23.3 |
| 西藏 | 324 | 235 | –27.5 | 广东 | 10 849 | 12 564 | 15.8 |
| 河南 | 9480 | 9315 | –1.7 | 海南 | 911 | 1050 | 15.3 |

注：

1. 调查数据为 2015 年国家统计局发布的各省人口调查统计数据，http://data.stats.gov.cn/easyquery.htm?cn=E0103；

2. 模拟结果列为全国人口降尺度后对各省进行区域统计后结果

**表 F-2　GDP 降尺度算法误差统计**

| 省　份 | 统计数据 | 模拟结果 | 误差 /% | 省　份 | 统计数据 | 模拟结果 | 误差 /% |
|---|---|---|---|---|---|---|---|
| 黑龙江 | 15 084 | 15 988 | 6.0 | 江苏 | 70 116 | 67 450 | –3.8 |
| 内蒙古 | 17832 | 21023 | 17.9 | 安徽 | 22 006 | 20 865 | –5.2 |
| 新疆 | 9325 | 9995 | 7.2 | 四川 | 30 053 | 28 513 | –5.1 |
| 吉林 | 14 063 | 13 983 | –0.6 | 湖北 | 29 550 | 27 489 | –7.0 |
| 辽宁 | 28 669 | 27 644 | –3.6 | 上海 | 25 123 | 25 055 | –0.3 |
| 河北 | 29 806 | 28 733 | –3.6 | 重庆 | 15 717 | 15 077 | –4.1 |
| 甘肃 | 6790 | 6909 | 1.7 | 浙江 | 42 886 | 41 476 | –3.3 |
| 北京 | 23 015 | 22 876 | –0.6 | 江西 | 16 724 | 15 696 | –6.1 |
| 山西 | 12 766 | 13 026 | 2.0 | 湖南 | 28 902 | 26 420 | –8.6 |
| 天津 | 16 538 | 16 419 | –0.7 | 云南 | 13 619 | 12 603 | –7.5 |
| 陕西 | 18 022 | 17 396 | –3.5 | 贵州 | 10 503 | 9739 | –7.3 |
| 青海 | 2417 | 4411 | 82.5 | 福建 | 25 980 | 24 139 | –7.1 |
| 宁夏 | 2912 | 2877 | –1.2 | 广西 | 16 803 | 15 308 | –8.9 |

续表

| 省　份 | 统计数据 | 模拟结果 | 误差 /% | 省　份 | 统计数据 | 模拟结果 | 误差 /% |
|---|---|---|---|---|---|---|---|
| 山东 | 63 002 | 59 834 | –5.0 | 台湾 | — | — | — |
| 西藏 | 1026 | 3896 | 279.5 | 广东 | 72 813 | 70 312 | –3.4 |
| 河南 | 37 002 | 34 499 | –6.8 | 海南 | 3703 | 3026 | –18.3 |

注：

1. 统计数据为 2015 年国家统计局发布的各省 GDP 统计数据，http://data.stats.gov.cn/easyquery.htm?cn=E0103；

2. 模拟结果列为全国 GDP 降尺度后对各省进行区域统计后结果

表 F-3　土地利用网格化模拟结果

| | | | 林　地 | 草　地 | 耕　地 | 其　他 | 水　域 | 总　值 |
|---|---|---|---|---|---|---|---|---|
| 模拟结果 | 林地 | Count | 860 | 11 | 16 | 4 | 0 | 891 |
| | | % within Simulated | 96.5% | 1.2% | 1.8% | 0.4% | 0% | 100% |
| | | % within REDCP | 97.9% | 1.3% | 2.2% | 0.3% | 0% | 100% |
| | 草地 | Count | 0 | 850 | 10 | 4 | 2 | 866 |
| | | % within Simulated | 0% | 98.2% | 1.2% | 0.5% | 0.2% | 100% |
| | | % within REDCP | 0% | 97% | 1.4% | 0.3% | 2.3% | 22.8% |
| | 耕地 | Count | 8 | 0 | 698 | 0 | 0 | 706 |
| | | % within Simulated | 1.1% | 0% | 98.9% | 0% | 0% | 100% |
| | | % within REDCP | 0.9% | 0% | 94.6% | 0% | 0% | 18.6% |
| | 其他 | Count | 10 | 15 | 14 | 1200 | 3 | 1242 |
| | | % within Simulated | 0.8% | 1.2% | 1.1% | 96.6% | 0.2% | 100% |
| | | % within REDCP | 1.1% | 1.7% | 1.9% | 99.1% | 3.4% | 32.8% |
| | 水域 | Count | 0 | 0 | 0 | 3 | 82 | 85 |
| | | % within Simulated | 0% | 0% | 0% | 3.5% | 96.5% | 100% |
| | | % within REDCP | 0% | 0% | 0% | 0.2% | 94.3% | 2.2% |
| 总值 | | Count | 878 | 876 | 738 | 1211 | 87 | 3790 |
| | | % within Simulated | 23.2% | 23.1% | 19.5% | 32% | 2.3% | 100% |
| | | % within REDCP | 100% | 100% | 100% | 100% | 100% | 100% |

表 F-4　土地利用网格化 Kappa 检验结果

| | 值 | 标 准 差 | T 值 | 显著性检验 |
|---|---|---|---|---|
| Kappa | 0.965 | 0.003 | 105.369 | 0.000 |
| N | 3790 | | | |